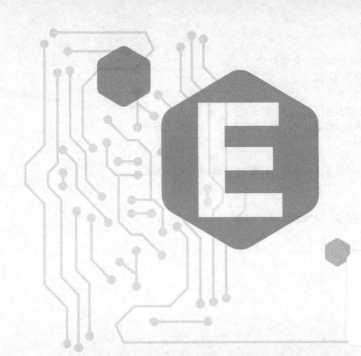

U0264911

EPLAN Electric P8 2022 电气设计自学速成

乐 健 解江坤 编著

人民邮电出版社
北 京

图书在版编目（CIP）数据

EPLAN Electric P8 2022电气设计自学速成 / 乐健，
解江坤编著. -- 北京 : 人民邮电出版社，2022.12（2024.6重印）
ISBN 978-7-115-59764-9

Ⅰ. ①E… Ⅱ. ①乐… ②解… Ⅲ. ①电气设备－计算
机辅助设计－应用软件 Ⅳ. ①TM02-39

中国版本图书馆CIP数据核字(2022)第131593号

内 容 提 要

　　本书重点介绍了 EPLAN Electric P8 2022 中文版的各种基本操作方法和技巧。全书分为 12 章，分别介绍了 EPLAN Electric P8 2022 概述、电气工程图设计基础、面向图形的设计、原理图的绘制、面向对象的设计、原理图中的高级操作、报表生成、PLC 设计、安装板布局图、硅整流电容储能式操作电源电路设计实例、车床控制系统电路图设计实例和起重机电气原理图设计实例的内容。

　　本书内容翔实，图文并茂，语言简洁，实例丰富，可以作为初学者的学习参考书，也可作为技术人员的参考工具书。随书配送的电子资料包含全书实例源文件和实例同步教学视频，供读者学习参考。

◆ 编　著　乐　健　解江坤
　　责任编辑　李　强
　　责任印制　马振武

◆ 人民邮电出版社出版发行　　北京市丰台区成寿寺路 11 号
　　邮编　100164　电子邮件　315@ptpress.com.cn
　　网址　https://www.ptpress.com.cn
　　北京天宇星印刷厂印刷

◆ 开本：787×1092　1/16
　　印张：18.75　　　　　　　　2022 年 12 月第 1 版
　　字数：516 千字　　　　　　2024 年 6 月北京第 5 次印刷

定价：99.00 元

读者服务热线：(010)53913866　印装质量热线：(010)81055316
反盗版热线：(010)81055315

前言

EPLAN 是以电气设计为基础的跨专业的设计平台，包括电气设计、流体设计、仪表设计、机械设计（如机柜设计）等。EPLAN 拥有一系列产品，主要分为 EPLAN Electric P8、EPLAN Fluid、EPLAN PPE 和 EPLAN Pro Panel，这 4 个产品被认为是面向工厂自动化设计的产品，也被形象地称为工厂自动化设计的帮手。从标准来看，EPLAN 符合国际设计标准。EPLAN Electric P8 是主要面向传统电气设计和自动化集成商的系统设计软件，是电气专业的设计和管理软件。

一、本书特色

本书具有以下四大特色。

- 针对性强

本书编著者依据自己多年的计算机辅助电子设计领域的工作经验和教学经验，针对初级用户学习 EPLAN 的难点和疑点，由浅入深、全面细致地讲解了 EPLAN 在电气设计应用领域的各种功能和使用方法。

- 实例专业

本书中的大部分实例是工程设计项目案例，经过编者精心提炼和改编，不仅保证了读者能够学好知识点，更重要的是能帮助读者掌握实际的操作技能。

- 内容全面

本书在有限的篇幅内，讲解了 EPLAN 的常用功能，内容涵盖电气设计、数据计算、信号处理等知识。读者通过学习本书，可以较为全面地掌握 EPLAN 相关知识。

- 知行合一

本书结合大量的电气设计实例，详细讲解了 EPLAN 的知识要点，让读者在学习案例的过程中潜移默化地掌握 EPLAN 软件的操作技巧，培养工程设计的实践能力。

二、电子资源使用说明

本书除传统的书面讲解外，还随书附送电子资源，电子资源包含全书实例源文件和实例操作过程的同步教学视频文件，供读者学习参考。

读者使用微信扫描下页公众号二维码，输入关键词"59764"获取电子资源；扫描下页云课二维码，观看同步教学视频。

三、本书服务

1. 安装软件的获取

读者使用 EPLAN 进行工程设计时，需要事先在计算机上安装相应的软件。读者可访问 EPLAN 官方网站下载试用版或到当地经销商处购买正版软件。

2. 关于本书的技术问题

读者遇到有关本书的技术问题，可以加入 QQ 群 551593179 直接留言，编著者将尽快回复。

四、本书编写人员

本书由武汉大学的乐健老师和解江坤工程师编写。其中乐健编写了第 1~9 章，解江坤编写了第 10~12 章。

本书虽经编著者几易其稿，但由于时间仓促加之水平有限，书中不足之处在所难免，望广大读者批评指正，编著者将不胜感激，联系电子邮箱为 2243765248@qq.com。

云课

公众号

编著者

2022 年 5 月

Contents

目录

第1章　EPLAN Electric P8 2022概述.... 1

1.1　EPLAN Electric P8 2022的主要特点......1
1.2　初始EPLAN Electric P8 2022................3
　　1.2.1　启动EPLAN Electric P8 2022 3
　　1.2.2　EPLAN Electric P8 2022 主窗口......4
　　1.2.3　菜单栏..5
　　1.2.4　插入中心......................................5
1.3　导航器..6
　　1.3.1　导航器的显示方法.........................6
　　1.3.2　导航器的显示模式.........................8
1.4　操作实例——设置浅色的界面............. 11

第2章　电气工程图设计基础.................14

2.1　电气工程图的分类及特点...................... 14
　　2.1.1　电气工程图的应用范围.................. 14
　　2.1.2　电气工程图的种类....................... 15
　　2.1.3　电气工程图的特点....................... 18
　　2.1.4　识读电气工程图基本要求.............. 18
2.2　电路图的设计步骤................................ 19
2.3　项目文件.. 20
　　2.3.1　原理图项目管理.......................... 20
　　2.3.2　项目属性.................................... 24
　　2.3.3　设置项目属性............................. 25
　　2.3.4　项目数据.................................... 29
　　2.3.5　设置项目结构............................. 30
　　2.3.6　结构标识符................................. 31
2.4　工作环境设置...................................... 33
　　2.4.1　设置主数据存储路径.................... 33
　　2.4.2　设置图形编辑环境....................... 34

　　2.4.3　设置电路图的字体....................... 36
　　2.4.4　设置用户显示界面....................... 38
　　2.4.5　翻译语言.................................... 43
2.5　图纸设置.. 44
　　2.5.1　图纸页分类................................. 44
　　2.5.2　图纸系统结构............................. 45
　　2.5.3　图纸管理.................................... 46
2.6　层管理... 50
　　2.6.1　图层的设置................................. 50
　　2.6.2　图层列表.................................... 52
2.7　操作实例——创建电动机控制电路项目... 53

第3章　面向图形的设计.........................60

3.1　图形编辑器... 60
　　3.1.1　工作区域.................................... 60
　　3.1.2　图框... 61
3.2　元件符号库... 63
　　3.2.1　元件符号库标准.......................... 63
　　3.2.2　"符号选择"导航器...................... 64
　　3.2.3　"符号选择"对话框...................... 65
3.3　元件布局.. 67
　　3.3.1　符号位置的调整.......................... 67
　　3.3.2　元件的多重复制.......................... 72
　　3.3.3　元件属性设置............................. 73

第4章　原理图的绘制.............................80

4.1　元件的电气连接................................... 80
　　4.1.1　自动连接.................................... 80
　　4.1.2　智能连接.................................... 81
　　4.1.3　线束连接.................................... 82

4.1.4 连接符号 84
4.1.5 连接分线器 87
4.1.6 电缆连接 89
4.1.7 电位连接点 90
4.1.8 端子排 92
4.2 使用绘图工具绘图 93
4.2.1 绘图工具 93
4.2.2 绘制直线 94
4.2.3 文本工具 96
4.2.4 放置图片 98
4.2.5 放置DWG/DXF文件 100
4.3 操作实例——并励直流电动机串电阻正、
反转启动控制电路 101

第5章 面向对象的设计 110
5.1 设备定义 110
5.1.1 设备与元件 110
5.1.2 设备主功能 111
5.1.3 部件管理 112
5.2 "设备"导航器 116
5.2.1 打开导航器 116
5.2.2 "部件主数据"导航器 117
5.2.3 新建设备 117
5.2.4 查找设备 121
5.3 放置设备 122
5.3.1 直接放置 122
5.3.2 对话框放置 123
5.3.3 快捷命令放置 123
5.4 设备属性设置 124
5.5 操作实例——分配电箱电气系统图 .. 127

第6章 原理图中的高级操作 ... 141
6.1 黑盒 141
6.1.1 绘制黑盒 141
6.1.2 设备连接点 143
6.1.3 黑盒的组合与取消 144
6.1.4 黑盒的逻辑定义 144

6.1.5 操作实例——高压开关 ... 145
6.2 结构盒 149
6.2.1 插入结构盒 149
6.2.2 修改结构盒 151
6.3 宏设计 152
6.3.1 创建宏 152
6.3.2 宏边框 154
6.3.3 插入宏 155
6.4 操作实例——创建宏项目文件 157

第7章 报表生成 163
7.1 报表设置 163
7.1.1 显示/输出 164
7.1.2 输出为页 164
7.1.3 部件 165
7.2 报表生成 166
7.2.1 自动生成报表 166
7.2.2 按照模板生成报表 167
7.3 报表操作 168
7.4 图纸输出 169
7.4.1 设置接口参数 169
7.4.2 导出PDF文件 169
7.4.3 导出图片文件 171
7.4.4 导出DXF/DWG文件 172
7.5 操作实例——箱柜控制电路报表操作 172

第8章 PLC设计 180
8.1 PLC 的基本结构 180
8.1.1 PLC的基本组成 180
8.1.2 PLC控制系统的组成 181
8.1.3 PLC总览输出 181
8.2 PLC 盒子设备 182
8.2.1 创建PLC盒子 182
8.2.2 PLC导航器 184
8.2.3 PLC连接点 185
8.2.4 PLC卡电源和PLC连接点电源 .. 187
8.3 PLC 编址 189

8.3.1 设置PLC编址 190

8.3.2 PLC地址分配列表 191

8.3.3 PLC编址 191

8.4 操作实例——三相异步电动机 PLC 控制
系统等效电路 192

第9章 安装板布局图 199

9.1 新建安装板文件 199

9.1.1 新建安装板文件 199

9.1.2 新建安装板 201

9.2 放置设备部件 204

9.2.1 安装板布局导航器 204

9.2.2 部件放置 205

9.3 图例 207

9.3.1 生成图例 207

9.3.2 编辑图例 209

9.4 标注尺寸 210

9.4.1 标注尺寸工具 210

9.4.2 标注图层 212

9.5 操作实例——分配电箱电路安装板设计 212

**第10章 硅整流电容储能式操作电源
电路设计实例** 218

10.1 设置绘图环境 218

10.2 一次电路图 219

10.2.1 绘制控制电路模块 220

10.2.2 绘制信号电路模块 222

10.2.3 绘制保护电路模块 224

10.3 二次电路原理图 227

10.4 二次电路展开图 230

**第11章 车床控制系统电路图设计
实例** 236

11.1 设置绘图环境 237

11.2 绘制主电路 239

11.3 绘制控制电路 247

11.4 绘制照明电路 251

11.5 绘制辅助电路 253

11.6 导出 PDF 文件 257

11.7 创建分页电路 258

11.8 分模块绘制主电路 260

第12章 起重机电气原理图设计实例 264

12.1 设置绘图环境 265

12.2 绘制液压泵站电机电路 267

12.3 绘制主机走行电机电路 271

12.4 绘制通用变频器 272

12.5 绘制前吊梁走行电机电路 275

12.6 绘制后吊梁走行电机电路 278

12.7 绘制工业插座 280

12.8 绘制吊梁起吊电机电路 283

12.9 绘制起重机控制电路 286

12.10 绘制控制系统电路 289

12.11 绘制照明系统电路 292

第1章

EPLAN Electric P8 2022 概述

内容简介

  EPLAN 是源自德国的电气设计软件，一直因易学、易用而深受广大电子设计者的喜爱，与电气 CAE 领域中的主要竞争对手相比，EPLAN 在电气逻辑处理方面有着明显的优势。

  本章将从 EPLAN 的功能特点讲起，介绍 EPLAN Electric P8 2022 的开发环境，以使读者对该软件有大致的了解。

内容要点

- EPLAN Electric P8 2022 的主要特点
- 初始 EPLAN Electric P8 2022
- 导航器

1.1　EPLAN Electric P8 2022 的主要特点

  传统的CAD凭借其强大的功能可帮助电气工程师方便、精确地处理电气项目中的各个环节，但在提高设计效率及实现标准化方面，EPLAN 更有优势，它有利于保证项目设计的严谨性。

1. EPLAN 的优势

  EPLAN 作为电气设计领域的 CAE 软件，有别于传统的 CAD 软件，EPLAN 与传统 CAD 软件的对比见表 1-1。

表 1-1　EPLAN 与传统 CAD 软件的对比

对比内容	传统 CAD 软件	EPLAN
标准化设计	标准化程度较低，不同工程师画的原理图差别大	推行标准化理念，依靠标准的符号、图框、表格、部件库及各种规则设置，实现文件标准化
符号	手动绘制，元器件不标准、不统一	标准化符号库，可直接调用
绘图连线	手动绘制	自动生成

续表

对比内容	传统 CAD 软件	EPLAN
跨页关联/符号关联	人工统计，易错，不易修改，费时	自动生成，省时无误
跳转功能	只能根据跳转页面的位置，手动查找关联目标	只要按下快捷键，就可轻松实现关联目标之间的跳转
模块化设计	CAD 下的模块只是一个图形，无电气属性	EPLAN 可以利用宏技术，可将典型电路制作成具有电气参数的宏变量，通过选择某个参数可以实现整个电路的选型等功能
图框	无自动功能，需要预留空白页，手动添加页号，不易修改	具有自动采集项目信息的功能，页号及页面名称等信息都可以自动生成，修改方便
翻页	CAD 图纸不可以自动翻译项目信息，对于国际项目十分不便	利用系统字典，可以将项目翻译成多国语言
制图的电气逻辑	手工绘制电路，无电气逻辑	符号具有极其丰富的电气属性，电路具有信号跟踪、电位跟踪等功能
电气设备编号	人工编写，易重复	具有设备编号、电缆编号、端子编号、插头编号一系列自动编号功能
线号	人工编写，极易重复	可根据电位等命名方式自动编号，避免重号，还可通过相关设置在报表中体现线径及颜色等信息
选型	人工查找样本，利用 Office 软件出清单	部件库选型，元器件清单自动生成
接线图	手工绘制，原理图发生改变时，接线图需要人工大量修改，费时易错	自动生成接线图，项目更改后，刷新即可，及时准确
各种报表信息	Office 软件制作	共可自动生成 27 种不同内容的报表
项目信息的交互	和 Office 之间没有交互，当设计发生更改时，相关文档无法及时更新，易出错，且不可相互导入、导出项目信息	可以将项目诸如电缆、插头、端子、电气元器件、PLC 等相关信息可以和 Excel 导入导出，实现双向编辑，准确无误
端子设计	信息量大，统计困难，设计无法很翔实，人工操作困难	EPLAN 和 Phoenix 的 ClipProject 及 Wago 的 SmartDesign 之间有很好的接口，可以利用第三方软件做更为准确细致的选型及端子排制作
二维电柜设计	不易精确到元器件尺寸进行电柜布局摆放，柜体容易由元器件尺寸导致摆放设计不当，劳动量大	从部件库调用元器件，将其直接拖曳到电柜安装板，位置精确，利于电柜开孔设计
三维电柜设计	无法考虑元器件在电柜中的三维尺寸，无法考虑位置干扰	EPLAN 的 Cabinet 可以实现电柜三维设计，更加直观形象（目标）
ERP 系统接口	无法实现	可以和 ERP 系统关联（目标）
电气软硬件接口	无法将软硬件设计联系在一起	可以在项目的图纸中，配置 PLC 的相关信息，如 PLC 地址定义、总线形式、总线地址等，从而可以和 STEP7 等编程软件实现链接
跨专业接口	可能会利用几张机械的 CAD 图纸	可以导入机械的 CAD 图纸。EPLAN 平台拥有电气软件（Electric P8）、液压软件（Fluid）、仪表软件（PPE）、电柜制图软件 Cabinet，因共用数据库，实现跨专业项目接口的链接
PDF 文档	CAD 导出的 PDF 文档不能跳转，需来回翻阅，使用不便	可以轻松实现跨页及相关联目标的跳转，方便现场维护人员插图
制图时间	一个项目制图时间将近一个月，但项目信息可能不完善，需要依靠制图人员的工作经验	一个项目制图时间大约需要一周，EPLAN 考虑项目的所有细节，自动生成大量报表，用于给不同工作岗位的人员使用
信息的准确度	人工重复劳动过多，易出错	计算机自动统计，无须人工统计，信息准确

2. 主要特点

EPLAN 以 Electric P8 2022 为基础平台，实现跨专业的工程设计。EPLAN 的功能十分丰富，扩展功能十分强大，操作便捷，它体现出一种紧跟国际电气发展趋势的设计理念。它以强大的功能帮助工程师实现各种自动化效果，不断挖掘工程师潜力，优化工程设计。

（1）宏变量技术

EPLAN 凭借强大的宏变量技术，在帮助客户节省时间方面又迈上了新的台阶，它能够插入最多带 8 个图形变量的电路图（宏），这些图形变量中包含预设的数据。例如，可插入电动机起动回路的宏，并选择包含原理图说明和相应工程数据的变量，以决定断路器、熔断器、过载保护器及正向/反向启动器等电气元件的容量，将变量中的所有预设数据应用到设计当中。

（2）真正的多用户同时设计

不同的用户不仅能够同时对同一个项目进行设计工作，而且用户还能够实时查看其他用户所做的更改，实现了工作状态最佳的协同工程。标准转换功能可使系统自动切换图纸上的电气符号和方位，可切换不同标准的原理图。

（3）灵活的工程设计流程

EPLAN 提供了极大的灵活性，用户可以按照自己习惯的流程来进行项目设计。无论从单线图、BOM（物料清单）、安装板和原理图开始项目设计，都将无缝集成和交叉引用所有的项目数据。设计流程将不会再受任何限制。其中，总线拓扑功能帮助用户准确并有逻辑地标识任何总线拓扑连接的设备，并管理设备间的相互关系。

（4）与 Unicode（统一码）完全兼容

EPLAN 能够以多种语言提交原理图。从中文的接线图到俄语的材料清单，一切都可以自动进行翻译，使得国际合作伙伴之间的协作更加容易。

（5）单线/多线图

EPLAN 能够显示设备在单线或多线环境中的连接关系，并在切换和导航项目的同时管理导线的所有属性。

（6）智能零部件选择和管理

EPLAN 通过电气功能的完整定义，提供智能零部件并减少差错。例如，可以根据元件的预定义逻辑电气特性和设计要求，选择具有正确连接点数的元件。

1.2 初始 EPLAN Electric P8 2022

EPLAN Electric P8 2022 是一款由 EPLAN 公司全新推出的软件，界面拥有多种主题风格，用户可自由更换，流畅操作。此外，还新增插入中心、图形引擎、部件管理器等特色内容。

1.2.1 启动 EPLAN Electric P8 2022

EPLAN Electric P8 2022 安装完毕，EPLAN Electric P8 2022 应用程序的快捷方式图标在开始菜单中会自动生成，双击图标启动 EPLAN Electric P8 2022。

执行"开始"→"EPLAN"→"EPLAN Electric P8 2022"命令，显示的启动界面如图 1-1 所示。

图 1-1　EPLAN Electric P8 2022 启动界面

1.2.2　EPLAN Electric P8 2022 主窗口

　　启动 EPLAN Electric P8 2022 后，进入 EPLAN Electric P8 2022 的主窗口，我们立即就能领略到 EPLAN Electric P8 2022 显示界面的精致、形象和美观，如图 1-2 所示。EPLAN Electric P8 2022 不再只通过菜单和工具栏为导航器和图形编辑器选择命令，而是在此基础上添加功能区、插入中心。

　　EPLAN Electric P8 2022 的操作界面包括标题栏、快速访问工具栏、菜单栏、功能区、工作区、十字光标、导航器、导航器标签、插入中心、状态栏、选项卡等。

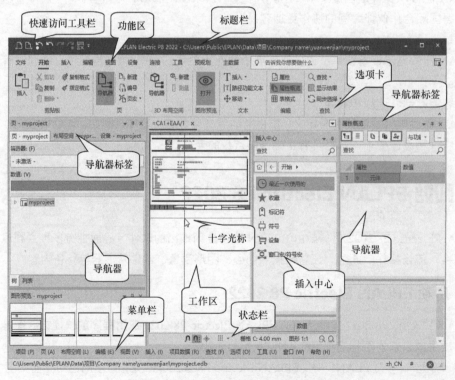

图 1-2　EPLAN Electric P8 2022 显示界面

1.2.3 菜单栏

同其他 Windows 操作系统中的菜单栏一样，EPLAN 的菜单也是下拉形式的，并在菜单中包含子菜单。EPLAN 的菜单栏中包含"项目（P）""页（A）""布局空间（L）""编辑（E）""视图（V）""插入（1）""项目数据（R）""查找（F）""选项（O）""工具（U）""窗口（W）""帮助（H）"12 个菜单，这些菜单包含了 EPLAN 的绝大多数绘图命令，后面的章节将对这些菜单功能进行详细介绍。

默认情况下，EPLAN Electric P8 2022 不显示菜单栏，下面介绍具体的打开方法。

（1）单击 EPLAN 功能区右侧 按钮，在打开的下拉菜单中选择"显示菜单栏"选项，如图 1-3 所示。

图 1-3 下拉菜单

（2）调出的菜单栏位于窗口的下方，如图 1-4 中标注的位置。

图 1-4 菜单栏显示窗口

（3）单击功能区右侧 按钮，在打开的下拉菜单中选择"显示菜单栏"选项，即可关闭菜单栏。

1.2.4 插入中心

插入中心是设计对象（符号、宏或设备）的资源管理器，通过它可以轻松快捷地找到各个组件，并把它们拖动到电气原理图中。插入中心的导航器位于图形编辑器或布局空间的右侧。每个打开的页面或布局空间都有一个单独的插入中心。

EPLAN Electric P8 2022 原理图编辑环境自动打开"插入中心"导航器，默认将其固定在工作区右侧，第一次启动"插入中心"导航器时，组件资源管理器默认打开文件的路径为"开始"，如图 1-5 所示。

使用"插入中心"导航器的内容显示框观察用 EPLAN 设计中心资源管理器所浏览资源的细目。

图 1-5 "插入中心"导航器

【选项说明】

（1）最上方方框为插入中心资源管理器搜索栏，搜索功能用户可以使用熟悉的术语轻松找到所需的组件。EPLAN Electric P8 2022 提供了强大的元件搜索功能，帮助用户轻松地在元件符号库中定位元件符号。

（2）中上部方框为插入中心资源管理器对象显示路径。

- 返回开始界面。
- 上一步。

（3）中间窗口的内容为对象资源内容，资源管理器使用标签管理系统，将标签分配给符号、宏或设备，并根据它们的工作流程或任务进行分组。

- 最近一次使用的：经最近常用的组件进行存储以方便访问。
- 收藏：用户可以收藏最常用的组件并进行存储以方便访问。
- 标记符：用户可以标记最常用的组件并进行存储以方便访问。
- 符号：访问系统中的符号。
- 设备：访问系统中的设备。
- 窗口宏/符号宏：访问系统中的窗口宏、符号宏。

（4）最下面窗口为对象的"属性""数值"参数显示框。

如果要改变 EPLAN 插入中心的位置，可在插入中心工具条的上部用鼠标指针拖动它，松开鼠标左键后，EPLAN 设计中心便处于当前位置，到新位置后，仍可以用鼠标指针改变各窗口的大小，也可以通过设计中心边框左下方的"取消固定"按钮 来自动隐藏设计中心。

1.3 导航器

在 EPLAN Electric P8 2022 中，使用导航器是为了实现设计过程中的快捷操作，导航器只有在相应的文件被打开时才可以使用。

EPLAN Electric P8 2022 启动后，系统将自动激活"页"导航器、"设备"导航器、"布局空间"导航器和"图形预览"导航器，如图 1-6 所示。

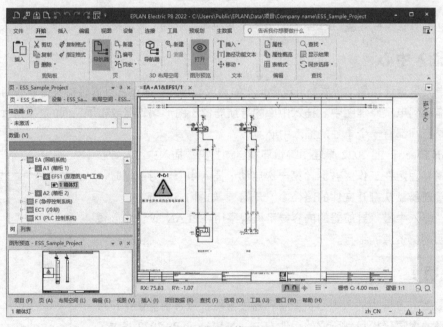

图 1-6 默认导航器显示

1.3.1 导航器的显示方法

下面通过"页"导航器介绍导航器的打开与关闭。

选择菜单栏中的"页"→"导航器"命令，或单击功能区"开始"选项卡下"页"面板中的"导航器"按钮 ，切换"页"导航器的打开与关闭，如图 1-7 所示。

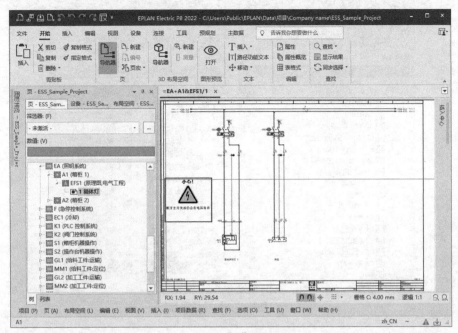

（a）打开"页"导航器

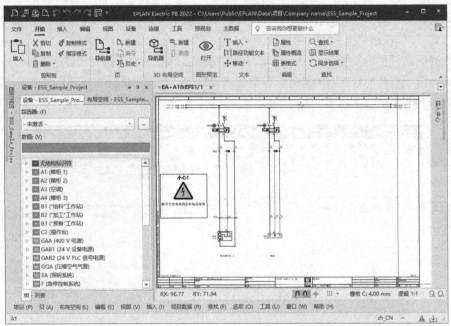

（b）关闭"页"导航器

图 1-7　"页"导航器的显示

　　"页"导航器中包含"树""列表"两个标签，按<Ctrl+Tab>快捷组合键，在"树"和"列表"标签之间切换，也可利用鼠标指针单击标签进行切换，如图 1-8 所示。

　　按下<Ctrl+F12>快捷组合键，在当前打开的图形编辑器与"页"导航器（"可固定的"对话框）、"图形预览"缩略框之间切换。

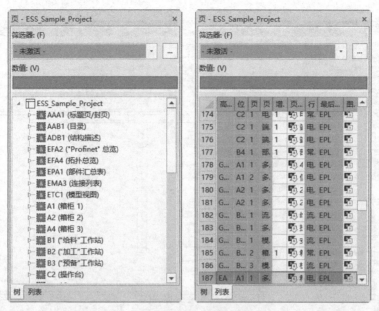

图 1-8 切换"页"导航器标签

1.3.2 导航器的显示模式

工作区面板有固定显示、展开显示和浮动显示 3 种显示方式，面板右上角的 ▼ 按钮用于改变面板的显示方式，✕ 按钮用于关闭当前面板。

默认打开的属性面板如图 1-9（a）所示，此时导航器的显示模式为固定显示，此显示方式为系统默认；向外拖动打开的导航器的标签，浮动显示导航器，如图 1-9（b）所示；单击 ▲ 按钮，展开显示导航器，如图 1-9（c）所示。

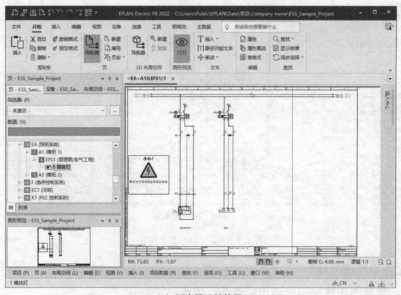

（a）固定显示导航器

图 1-9 导航器的显示模式

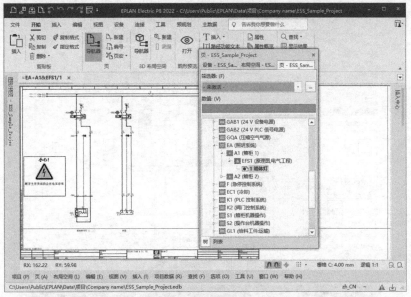

（b）浮动显示导航器

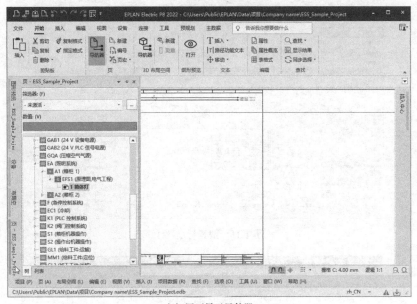

（c）展开显示导航器

图 1-9　导航器的显示模式（续）

1. 浮动显示

（1）拖动导航器的标签，调整导航器位置，此时，操作界面中显示放置位置图标，如图 1-10 所示。导航器可放置的位置有 8 个，操作界面左侧、右侧、上方、下方；工作区左侧、右侧、上方、下方。

（2）向工作区上方图标上拖动导航器，松开鼠标左键后，导航器被放置到工作区上方，如图 1-11 所示。

（3）向工作区左侧图标上拖动导航器，松开鼠标左键后，导航器被放置到工作区左侧，如图 1-12 所示。

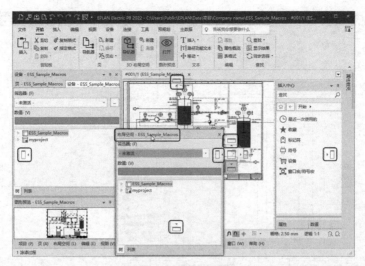

图 1-10　拖动导航器

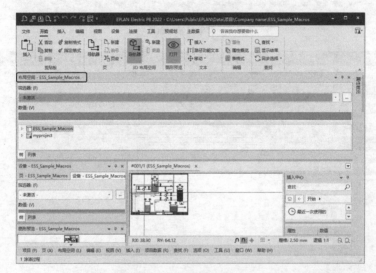

图 1-11　放置导航器 1

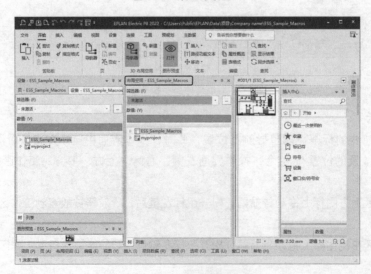

图 1-12　放置导航器 2

2. 展开显示

导航器展开显示时，默认情况下，导航器以隐藏方式固定在软件边框两侧，如图 1-13 所示，将光标放置在对应导航器名称上时，导航器展开显示，如图 1-14 所示。光标移开，导航器隐藏显示。

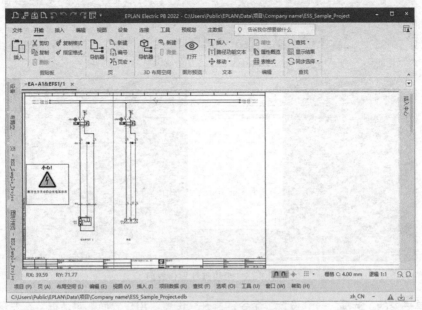

图 1-13　展开显示导航器（默认隐藏方式）

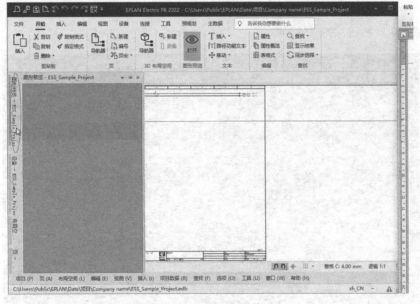

图 1-14　展开显示导航器

1.4　操作实例——设置浅色的界面 ◀◀◀

在默认情况下，EPLAN Electric P8 2022 的默认界面的形式是黑色背景、白色线条，系统默认操作界面如图 1-15 所示，这不符合大多数用户的操作习惯，因此很多用户对界面颜色进行了修改。操作步骤如下。

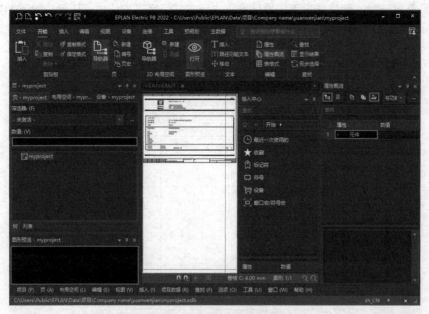

图 1-15 系统默认操作界面

　　选择菜单栏中的"选项"→"设置"命令，打开"设置：用户界面"对话框，在左侧列表中选择"用户"→"显示"→"用户界面"选项，如图 1-16 所示，在"用户界面设计"选项组中选择"浅色"选项，单击"应用"按钮，将默认的深色界面切换为浅色界面，设置完成的浅色界面如图 1-17所示。单击"确定"按钮，关闭对话框。

图 1-16 "设置：用户界面"对话框

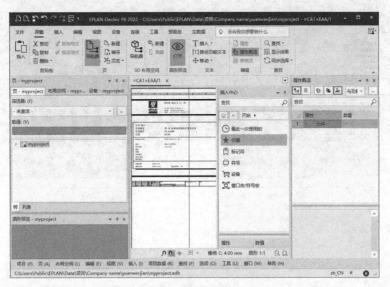

图 1-17 设置完成的浅色界面

第2章

电气工程图设计基础

内容简介

电气工程图是广大电气工程师之间的交流"语言"，它用来体现、传递系统控制的设计思维。EPLAN Electric P8 2022 是一款业内杰出的电气工程图设计软件，为广大用户提供了电气工程图设计所需的全部功能，其中就囊括了电气原理图设计、报表自动生成、工程项目管理、参数自动补全等一系列功能。

本章介绍电气工程图设计基础，包括工作环境的设置、项目文件与图纸文件的新建等。

内容要点

- 电气工程图的分类及特点
- 电路图的设计步骤
- 项目文件
- 工作环境设置
- 图纸设置
- 层管理

2.1 电气工程图的分类及特点

为了让读者在绘制电气工程图之前对电气工程图的基本概念有所了解，本节将简要介绍电气工程图的一些基础知识，包括电气工程图的应用范围、电气工程图的种类和特点等。

2.1.1 电气工程图的应用范围

电气工程包含的范围很广，如电力、电子、建筑、工业控制等，不同应用范围的工程图要求大致相同，但也有其特定要求，规模也大小不一。电气工程图的应用范围如下。

1. 电力工程

（1）发电工程。根据不同的电力来源，发电工程主要可分为火电工程、水电工程、核电工程 3 类。发电工程中的电气工程包括发电厂电气设备的布置、接线、控制及其他附属项目。

（2）线路工程。线路工程用于连接发电厂、变电站和各级电力用户的输电线路，包括内线工程和外线工程。内线工程是指涉及室内动力、照明电气线路及其他线路的工程。外线工程是指涉及室外电源供电线路，包括架空电力线路、电缆电力线路等工程。

（3）变电工程。升压变电站将发电站发出的电压进行升高，以减少远距离输电的电能损失。降压变电站将电网中的高电压降为各级用户能使用的低电压。

2. 电子工程

电子工程主要涉及应用于计算机、电话、广播、闭路电视等众多领域的弱电信号线路和设备。

3. 建筑电气工程

建筑电气工程主要涉及工业与民用建筑领域的动力照明、电气设备、防雷接地等，包括各种动力设备、照明灯具，以及各种电气装置的保护接地、工作接地、防静电接地等。

4. 工业控制电气工程

工业控制电气工程主要涉及应用于机械、车辆及其他控制领域的电气设备，包括机床电气、电动机电气、汽车电气和其他控制电气。

2.1.2　电气工程图的种类

电气工程图可以根据功能和使用场合分为不同的类别，各种类别的电气工程图都有某些联系和共同点，不同类别的电气工程图适用于不同的场合，其表达工程含义的侧重点也不尽相同。不同专业或在不同场合下，只要是按照同一种用途绘制的电气图，不仅在表达方式上必须是统一的，而且在图的分类与属性上也应该是一致的。

电气工程图用来阐述电气工程的构成和功能，描述电气装置的工作原理，提供安装和维护使用方面的信息，辅助电气工程研究和指导电气工程实践施工等。电气工程的规模不同，其电气图的种类和数量也不同。电气工程图的种类与电气工程的规模有关，较大规模的电气工程通常包含更多种类的电气工程图，从不同的角度表达不同侧重点的工程含义。一般来讲，一项电气工程的图纸通常被装订成册，包含以下内容。

1. 目录和前言

电气工程图的目录好比书的目录，应方便查阅，由序号、图样名称、编号、张数等构成，便于资料系统化和检索图样。

前言中一般包括设计说明、图例、设备材料明细表、工程经费概算等。设计说明用于阐述电气工程设计的依据、基本指导思想与原则，图样中未能清楚表明的工程特点、安装方法、工艺要求、特种设备的安装使用说明，以及有关的注意事项等。图例就是图形符号，一般在前言中只列出本图样涉及的一些特殊图例，通常图例都有约定俗成的图形格式，可以通过查询国家标准和电气工程手册获得。设备材料明细表列出该电气工程所需的主要电气设备和材料的名称、型号、规格和数量，可供实验准备、经费预算和购置设备材料时参考。工程经费概算大致统计出该套电气工程所需的费用，可以作为工程经费预算和决算的重要依据。

2. 系统图（框图）

系统图是一种简图，由符号或带注释的框绘制而成，用来概略表示总系统、分系统、成套装置或设备的基本组成、相互关系及主要特征，为进一步编制详细的技术文件提供依据，供操作和维修时参考。系统图是绘制较其层次低的其他各种电气图（主要是指电路图）的主要依据。

系统图对布图有很高的要求，强调布局清晰以利于识别过程和信息的流向。基本的流向应该是由左至右或由上至下，例如电动机控制系统图，如图 2-1 所示。只有在某些特殊情况下方可例外，如用于表达非电工程中的电气控制系统或电气控制设备的系统图和框图，可以根据非电过程的流程图绘制，但是图中的控制信号应该与过程的流向相互垂直，以便识别，如轧钢厂的系统框图如图 2-2 所示。

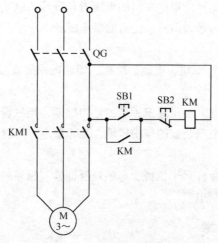

图 2-1　电动机控制系统图

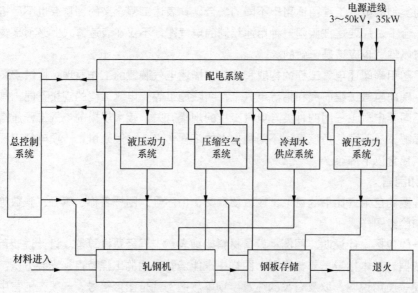

图 2-2　轧钢厂的系统框图

3. 电路图

电路图也叫原理图，是用图形符号绘制，并按工作顺序和信号流向排列，详细表示电路、设备或成套装置的全部基本组成部分的连接关系，侧重表达电气工程的逻辑关系，而不考虑其实际位置的一种简图。电路图的用途很广，可以帮助我们详细地理解电路、设备或成套装置及其组成部分的作用原理，分析和计算电路特性，为测试和寻找故障提供信息，并可作为编制接线图的依据。简单的电路图还可以直接用于接线。

电路图的布图应突出表示功能的组合和性能。每个功能级都应以适当的方式加以区分，突出信息流及各级之间的功能关系，其中使用的图形符号必须具有完整形式，元件画法简单而且符合国家规范。电路图应根据使用对象的不同需要，增注各种相应的信息，特别是应该尽可能地考虑给出各种维修所需的详细资料，例如项目的型号与规格，表明测试点，并给出有关的测试数据（各种检测值）和资料（波形图）等。图 2-3 所示为车床电气设备电路图。

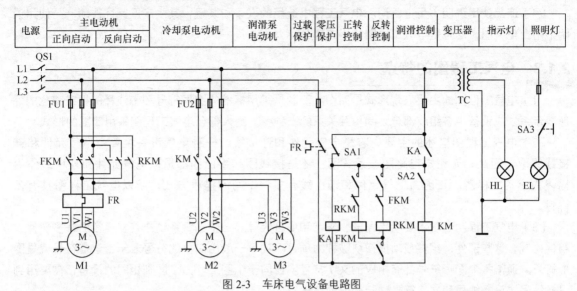

电源	主电动机		冷却泵电动机	润滑泵电动机	过载保护	零压保护	正转控制	反转控制	润滑控制	变压器	指示灯	照明灯
	正向启动	反向启动										

图 2-3 车床电气设备电路图

4. 接线图

接线图是用符号表示成套装置，设备或装置的内部、外部各种连接关系的一种简图，便于安装接线及维护。

接线图中的每个端子都必须标注端子代号，连接导线的两端子必须在工程中统一编号。接线图布图时，应大体按照各个项目的相对位置进行布置，连接线可以用连续线方式画，也可以用断线方式画。不在同一张图的连接线可采用断线画法，如图 2-4 所示。

5. 平面图

平面图主要是表示某一电气工程中电气设备、装置和线路的平面布置。它一般是在建筑平面图的基础上绘制出来的。常见的电气工程平面图有线路平面图、变电所平面图、照明平面图、弱电系统平面图、防雷与接地平面图等。图 2-5 所示为某车间的电气平面图。

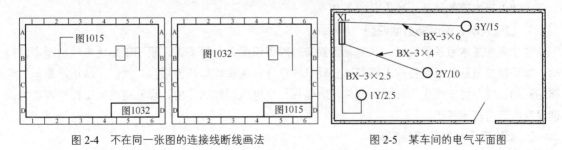

图 2-4 不在同一张图的连接线断线画法　　　　图 2-5 某车间的电气平面图

6. 其他电气工程图

常见的电气工程图除以上提到的系统图、电路图、接线图、平面图以外，还有以下 4 种。

（1）设备布置图。设备布置图主要表示各种电气设备的布置形式、安装方式及相互间的尺寸关系，通常由平面图、立体图、断面图、剖面图等组成。

（2）设备元件和材料表。设备元件和材料表是把某一电气工程所需主要设备、元件、材料和有关的数据列成表格，表示其名称、符号、型号、规格、数量等。

（3）大样图。大样图主要表示电气工程某一部件、构件的结构，用于指导加工与安装，其中一部分大样图有对应的国家标准。

（4）产品使用说明书用电气图。电气工程中选用的设备和装置，其生产厂家往往随产品使用说明书附上电气图，这也是电气工程图的组成部分。

2.1.3　电气工程图的特点

（1）电气工程图的主要表现形式是简图。简图是采用标准的图形符号和带注释的框或简化的外形表示系统或设备中各组成部分之间相互关系的一种图。绝大部分电气工程图采用简图的形式。

（2）电气工程图描述的主要内容是电气元件和连接线。一种电气设备主要由电气元件和连接线组成，因此，无论是电路图、系统图，还是接线图和平面图都是以电气元件和连接线作为描述内容的工程图。正因为电气元件和连接线有多种不同的描述方式，所以电气工程图具有多样性。

（3）电气工程图的基本要素是图形、文字和项目代号。一个电气系统或装置通常由许多部件、组件构成，这些部件、组件或功能模块被称为项目。项目一般由简单的符号表示，这些符号就是图形符号。通常每个图形符号都有相应的文字符号。在同一个图上，为了区别相同的设备，需要用到设备编号。设备编号和文字符号一起构成项目代号。

（4）电气工程图的两种基本布局方法是功能布局法和位置布局法。功能布局法是指在绘图时，设计图中各元件的位置时只考虑元件之间的功能关系，而不考虑元件实际位置的一种布局方法。电气工程图中的系统图、电路图采用的是这种方法。

位置布局法是指电气工程图中的元件位置对应元件的实际位置的一种布局方法。电气工程图中的接线图、设备布置图采用的就是这种方法。

（5）电气工程图具有多样性，有不同的描述方法，如能量流、逻辑流、信息流、功能流等，以此形成了不同的电气工程图。系统图、电路图、接线图就是描述能量流和信息流的电气工程图；逻辑图是描述逻辑流的电气工程图；功能表图、程序框图描述的是功能流的电气工程图。

2.1.4　识读电气工程图基本要求

识读电气工程图的基本要求有以下几点。

1. 由浅入深、循序渐进地识图

初学识图要本着从易到难、从简单到复杂的原则识图。一般来讲，照明电路比电气控制电路简单，单项控制电路比系列控制电路简单。复杂的电路都是简单电路的组合，我们应从识读简单的电路图开始，明白每一个电气符号的含义，明确每一个电气元件的作用，理解电路的工作原理，为识读复杂电气图打下基础。

2. 具有电工电路的基础知识

在实际生产的各个领域中，所有电路如输配电线路、电气控制电路、电子电路、逻辑电路等，都是建立在电工电子技术理论基础之上的。因此，要想准确、迅速地读懂电气图，必须具备一定的电工电路基础知识，这样才能运用这些知识，分析电路，理解图纸的内容。如三相笼形感应电动机的正转和反转控制，就是利用"电动机的旋转方向是由三相电源的相序来决定的"原理，用倒顺开关或两个接触器进行切换，改变输入电动机的电源相序，来改变电动机的旋转方向。而 Y-△（星形-三角形）启动则应用电源电压的变动引起电动机启动电流及转矩变化的原理。

3. 掌握电气图图形符号和文字符号

电气图图形符号和文字符号及项目代号、电器接线端子标志等是电气图的"象形文字",相当于一门语言中的词汇及语法,识读电气工程图前掌握电气图图形符号和文字符号相当于看书需要识字、识词,还要懂得一些句法、语法。图形符号、文字符号很多,必须能熟记会用。可以根据个人所从事的工作和专业出发,识读各专业共用和本专业专用的电气图形符号,然后再逐步扩展。并且可通过多看、多画来加强大脑的记忆。

4. 熟悉各类电气图的典型电路

典型电路一般是常见、常用的基本电路。如供配电系统的电气主电路图中最常见、常用的接线是单母线接线,由此典型电路可导出单母线不分段、单母线分段接线,而单母线分段又可分为隔离开关分段和断路器分段。(例如,电力拖动中的启动、制动、正反转控制电路,联锁电路,行程限位控制电路。)

不管多么复杂的电路,总是由典型电路派生而来或由若干典型电路组合而成的。因此,熟练掌握各种典型电路,在识图时有利于我们理解复杂电路,能较快地分清主次环节及其他部分的相互联系,抓住主要矛盾,从而能读懂较复杂的电气图。

5. 掌握各类电气图的绘制特点

各类电气图都有各自的绘制方法和绘制特点。掌握了电气图的主要特点及绘制电气图的一般规则,如电气图的布局、图形符号及文字符号的含义、图线的粗细、主副电路的位置、电气触头的画法、电气网与其他专业技术图的关系等,利用这些规律,就能提高识图效率,进而自己也能设计制图。由于电气图不像机械图、建筑图那样直观形象,因而识图时应将各种有关的图纸联系起来,对照阅读。如通过系统图、电路图找联系;通过接线图、布置图找位置。交错识读会收到事半功倍的效果。

6. 把电气工程图与其他图对应识读

电气施工往往与主体工程及其他工程,如工艺管道、蒸汽管道、给排水管道、采暖通风管道、通信线路、机械设备等项安装工程配合进行。电气设备的布置与土建平面布置、立面布置有关;线路走向与建筑结构的梁、柱、门窗、楼板的位置有关,还与管道的规格、用途、走向有关;安装方法又与墙体结构、楼板材料有关,特别是一些暗敷线路、电气设备基础及各种电气预埋件更与土建工程密切相关。因此,识读某些电气工程图还要与有关的土建图、管路图及安装图对应起来看。

7. 掌握涉及电气工程图的有关标准和规程

识读电气工程图的主要目的是顺利地开展施工、安装,依靠电气工程图实现设备运行、维修和管理。技术要求不可能一一在图样上反映出来,也不能一一标注清楚,但某些技术要求在有关的国家标准或技术规程、技术规范中已有明确的规定。因而,在识读电气工程图时,还必须了解这些相关标准、规程、规范,这样才能真正读懂电气工程图。

2.2 电路图的设计步骤

电路图的设计大致可以分为创建工程、设置工作环境、放置设备、连接电路、生成报表等步骤。

电路图设计之前,应该具备以下两个条件。

(1)公司设计的相关标准已经确定。

(2)方案计划已经做好。

在使用 EPLAN 进行项目设计时，如果按照以下步骤进行，则有助于提高设计的效率。

（1）创建主数据（公司自己的图框、符号、表格、厂商、字典等数据，如已经创建，则可忽略）。

（2）创建基本项目模板（供今后使用）。

（3）进行原理图设计（包括标识符和项目结构指定等）。EPLAN 设计原理图的设计方法包括两种。

① 面向图形的设计方法：按照一般的绘制流程，绘制电气图、元件选型、生成报表。

② 面向对象的设计方法：可以直接从导航器中拖曳设备到电气图中，或在 Excel 中绘制部件明细表，插入 EPLAN 中后，将明细表拖曳到原理图中。这种方法可以忽略选型的过程。

2.3　项目文件

EPLAN 中的项目是以一个文件夹的形式保存在磁盘上的，常规的 EPLAN 项目由*.edb 和*.elk 组成。*.edb 是一个文件夹，其内包含子文件夹，这里存储着 EPLAN 的项目数据。*.elk 是一个链接文件，当双击它时，会启动 EPLAN 并打开此项目。

图 2-6 所示为任意打开的某项目文件。从该图可以看出，该项目文件包含了与整个设计相关的所有文件。在项目文件中可以对该文件执行各种操作，如新建、打开、关闭、复制与删除等。

图 2-6　某项目文件

2.3.1　原理图项目管理

常规的原理图项目可以分为不同的项目类型，每种类型的项目可以处在设计的不同阶段，因而有不同的含义。例如，常规项目为一套图纸，而修订项目则是这套图纸版本的修订版本。

1. 打开项目

（1）选择菜单栏中的"项目"→"打开"命令，或单击功能区"文件"选项卡"打开"面板中的"浏览"命令，系统弹出如图 2-7 所示的"打开项目"对话框，打开已有的项目。

图 2-7 "打开项目"对话框

（2）"文件类型"下拉列表中显示打开项目时，可供选择的原理图项目类型有以下几种，下面介绍这些不同扩展名的原理图项目类型及其含义。

- *.elk：EPLAN 项目（可编辑）。
- *.ell：带修订信息的 EPLAN 项目。
- *.elp：打包的 EPLAN 项目。
- *.els：归档的 EPLAN 项目。
- *.elx：归档并打包的 EPLAN 项目。
- *.elr：已完成的 EPLAN 项目。
- *.elt：临时的 EPLAN 参考项目。
- *.zw1：已备份的 EPLAN 项目。

2. 创建项目

在进行电气工程设计时，通常要先创建一个项目文件，这样有利于管理设计文件。

（1）选择菜单栏中的"项目"→"新建"命令，或单击"文件"选项卡中的"新建"命令，或选择右键菜单中的"项目"→"新建"命令，系统弹出如图 2-8 所示的对话框，创建新的项目。

（2）在"项目名称"文本框中输入项目名称。在"页"面板中显示创建的新项目，勾选"设置创建日期"复选框，添加项目创建日期信息；勾选"设置创建者"复选框，添加项目创建者信息。

图 2-8 "创建项目"对话框

（3）"保存位置"文本框显示要创建的项目文件的路径，单击 按钮，系统弹出"选择文件夹"对话框，选择路径文件夹，如图 2-9 所示。

图 2-9 "选择文件夹"对话框

（4）在"基本项目"文本框下选择*.zw9 项目模板文件。单击 按钮，系统弹出"选择基本项目"对话框，选择项目基本文件，如图 2-10 所示。项目基本文件中含有预定义的数据、指定的主数据（符号、表格和图框），以及各种预定义配置、规则、层管理信息及报表模板等。

图 2-10 "选择基本项目"对话框

常用模板文件信息如下。
- **GB_**：中华人民共和国国家标准。
- **GOST_**：俄罗斯强制认证标准。
- **IEC_**：国际电工委员会标准。
- **NFPA_**：美国消防协会标准。

使用基本项目模板，可以将模板中的项目设置、项目数据、图纸页等内容传递到新建的项目中。应用基本项目模板创建项目后，项目结构和页结构就被固定，而且不能修改。

创建基本项目模板，选择菜单栏中的"项目"→"组织"→"创建基本项目（A）"命令，系统弹出如图 2-11 所示的"创建基本项目"对话框，即可创建基本项目模板。

图 2-11 "创建基本项目"对话框

完成项目参数设置后，单击"确定"按钮，关闭对话框，系统弹出如图 2-12 所示的"项目属性：ELCPROJECT"对话框，在"项目描述""项目编号"中根据选择的模板设置创建项目的参数，在"项目类型"行中显示项目类型，创建原理图项目。通过单击"新建"按钮 ⊞、"删除"按钮 🗑，可以添加或删除新建项目的属性。

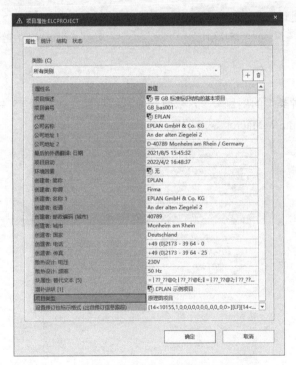

图 2-12 "项目属性：ELCPROJECT"对话框

完成项目属性设置后，单击"确定"按钮，关闭对话框，在"页"面板中显示创建的新项目，如图 2-13 所示。

知识拓展

EPLAN 没有专门的保存命令，因为它是实时保存的，任何操作（新建、删除、修改等）完成后，系统都会自动保存操作结果。

3. 项目快捷命令

在"页"面板上选中项目文件,单击鼠标右键,系统弹出快捷菜单,如图 2-14 所示,在子菜单中显示"新建""打开""关闭"命令,执行这些命令可以新建项目、打开项目、关闭项目。

图 2-13　新建项目　　　　　　　　　　　　　图 2-14　右键快捷菜单

2.3.2　项目属性

EPLAN 中存在两种类型的项目——宏项目和原理图项目,如图 2-15 中,ESS_Sample_Project 是原理图项目,ESS_Sample_Macros 是宏项目。

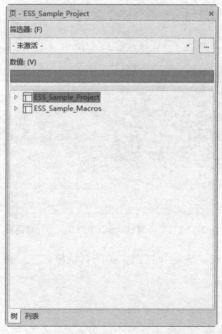

图 2-15　EPLAN 中两种类型的项目

在"页"导航器中选中项目,单击功能区中的"文件"选项卡,或单击鼠标右键在弹出的快捷菜单中选择"属性"命令，系统弹出"项目属性"对话框，如图 2-16 所示。在"项目类型"行中显示项目类型为"原理图项目"。

图 2-16 "项目属性"对话框 1

原理图项目是一套完整的工程图形项目，项目图纸中包含电气原理图、单线图、总览图、安装板和自由绘图，同时还包含存入项目中的一些主数据信息。

宏项目用来创建、编辑、管理和快速自动生成宏（部分或标准的电路），这些宏包括窗口宏、符号宏和页面宏。宏项目中保存着大量的标准电路，标准电路间不存在控制逻辑关联，不像原理图项目那样，原理图项目是描述一个控制系统或产品控制的整套工程图纸（各个电路间有非常清楚的逻辑和控制顺序）。

2.3.3 设置项目属性

在"页"导航器的"树"结构视图中选定一个项目，选择菜单栏中的"项目"→"属性"命令，在该项目上单击鼠标右键，选择快捷命令"属性"，如图 2-17 所示，系统弹出如图 2-18 所示的"项目属性"对话框，在该对话框中检查所有记录，在项目中自动调节所有已更改的设备单个结构，并将可使用的设置参数导入项目管理系统。

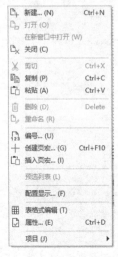

图 2-17 快捷菜单 2

图 2-18 "项目属性"对话框 2

1. "属性"选项卡

打开"属性"选项卡，如图 2-18 所示，显示当前项目图纸的参数属性。在要填写或要修改的"属性名"对应的"数值"参数上双击选中要修改的参数后，在文本框中修改各个设定值。单击"新建"按钮 ⊞，系统弹出"属性选择"对话框，如图 2-19 所示，为项目添加相应的参数属性，用户可以在"属性选择"对话框中选择"审核人"参数，单击"确定"按钮返回"项目属性"对话框，完成属性添加，显示如图 2-20 所示的添加的"审核人"属性，在"数值"选项组中填入审核人名称，完成该参数的设置。

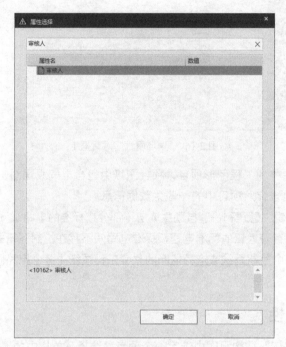

图 2-19 "属性选择"对话框

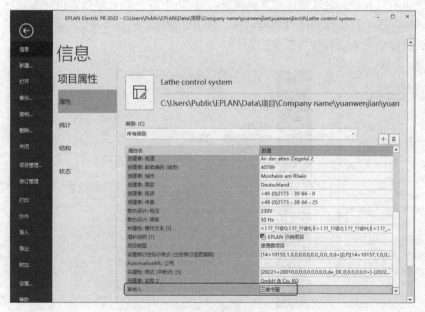

图 2-20 添加属性

2. "统计"选项卡

打开"统计"选项卡,如图 2-21 所示,显示该项目图纸的信息,包括电路原理图的参数信息和更新记录信息。这项功能可以使用户更系统、更有效地对自己设计的图纸进行管理。建议用户对此项进行设置。当设计项目中包含很多的图纸时,图纸参数信息就显得非常有用。

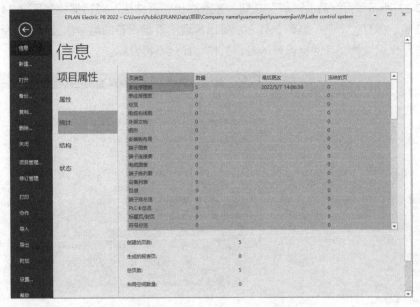

图 2-21 "统计"选项卡

该界面显示项目图纸页类型、图纸页数、报表页数、更改日期及冻结的页。

3. "结构"选项卡

打开"结构"选项卡,如图 2-22 所示,该选项卡显示页、常规设备、端子排、插头、黑盒、PLC等对象的参考标识符。

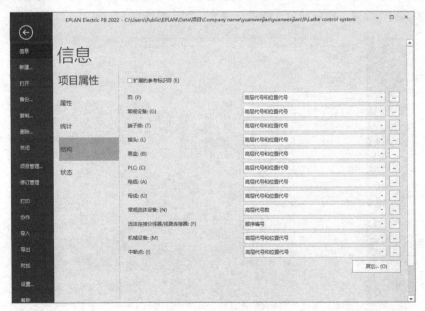

图 2-22 "结构"选项卡

标识符的基本组成有高层代号、位置代号、顺序编号、用户特有文档类型等，不同对象的标识符设置不同，例如，原理图"页"的标识符格式为高层代号、位置代号和文档类型。可以编辑页或设备结构，在"页"的下拉列表中选择一个可用的设备标识符配置，选择标识符格式。标识符选择类型如图 2-23 所示，一般情况下选择默认格式。

单击图 2-22 所示"页"后的"…"按钮，系统弹出"页结构"对话框，如图 2-24 所示。在该对话框中可新建、保存、复制、删除、导入、导出原理图页标识符的类型。通过"页结构"后续对话框也可以自定义页结构。其他标识符的设置类似，此处不再介绍。

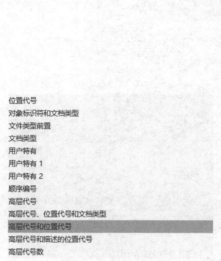

图 2-23 标识符选择类型

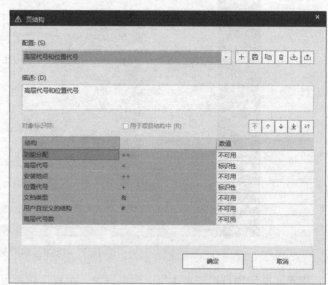

图 2-24 "页结构"对话框

4."状态"选项卡

打开"状态"选项卡，如图 2-25 所示，该界面显示当前项目文件原理图中的运行信息，包括不同对象的版本、构件编号、检查配置、错误、警告、提示等信息。

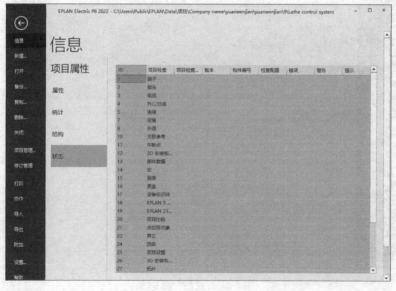

图 2-25 "状态"选项卡

2.3.4　项目数据

用户可以认为 EPLAN Electric P8 2022 中有两个数据库，一个是系统主数据库，另一个是项目主数据库。

1. 系统主数据

主数据是 EPLAN 标准化的体现，对于电气系统，主数据更新是非常有必要的，而主数据更新是进行 EPLAN 软件设计的必要步骤。主数据主要包括以下几个部分的内容。

（1）图框

EPLAN 软件在工作过程当中，会按照相关图框的设计标准，通过自有的程序，创建具有自动采集项目信息的自动化图框。这一经实现，系统就会按照相关图框的设计标准以及 EPLAN 软件内置的程序，将全部的图纸图框信息修改完成，并且非常准确方便。

（2）符号

电气系统的符号执行 IEC 标准，人们在 IEC 符号库的基础之上，对不同的电气元件进行分类，然后通过 EPLAN 软件增加一些常用的专业特殊符号。从一定程度上来说，这样设计图纸能够随时调用标准符号，可以保证电气逻辑的准确性，而且从外观上来看，符号也是统一的。设计完成的图纸也非常美观。

（3）表格

表格是分析过程中的信息或结果的表现形式，在 EPLAN 中，项目的连接图表是系统创建的自动化表格，包括标识符总览、部件清单表、电缆连接图表、端子插头连接图表等一系列自动化报表，一些报表的组合基本可以代替电气接线图。

主数据除核心数据外，还包括部件库、翻译库、项目结构标识符、设备标识符集、宏电路和符合设计要求的各种规则和配置。

2. 项目主数据

当新建 EPLAN 项目时，EPLAN 系统将指定标准的符号库、图框，以及用于生成报表的表格，将它们从系统主数据中复制到项目数据中。

为了可以在新版本的 EPLAN 中对旧项目进行编辑，为这些项目更新项目数据库成了必然选择。在第一次使用当前版本的 EPLAN 打开旧项目时更新旧项目，如图 2-26 所示。如果不更新旧项目，则将无法在 EPLAN Electric P8 2022 中打开此项目。

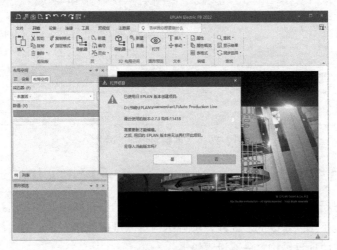

图 2-26　更新旧项目

3. 同步当前项目

当一个外来项目中含有与主数据不一样的符号、图框、表格时，可以用项目数据同步系统主数据，将同步的信息用于其他项目。

选择菜单栏中的"工具"→"主数据"→"同步当前项目"命令，或单击功能区"主数据"选项卡中的"同步项目"命令，弹出"主数据同步"对话框，如图 2-27 所示，查看项目主数据和系统主数据的关系。

在左侧"项目主数据"列表中显示项目主数据信息，该列表中显示的信息具有 3 种状态："新的""相同""仅在项目中"。"新的"表示项目主数据比系统主数据新；"相同"表示项目主数据与系统主数据一致；"仅在项目中"表示此数据仅在此项目主数据中，而不在系统主数据中。

在右侧"系统主数据"列表中显示系统主数据信息。状态包括"相同"和"未复制引入"。"相同"表示系统主数据与项目主数据一致，"未复制引入"表示此数据仅在系统主数据中，项目主数据中没有此数据。

选择"项目主数据"列表中的数据，单击"向右复制"按钮 →，可将数据由项目中复制到系统主数据中；选择"系统主数据"列表中的数据，单击"向左复制"按钮 ←，可将数据由系统中复制到项目主数据中。

单击"更新"按钮或该按钮下拉列表中的"项目""系统"选项，可以一次性快速更新项目主数据或系统主数据。

图 2-27 "主数据同步"对话框

2.3.5 设置项目结构

在 EPLAN 中进行项目规划，首先应该考虑项目采用的项目结构，因为新建项目时所设定的结构在设计的过程中是不可以修改的。此外，项目结构对图纸的数量、表达方式都是有影响的，一个设计合理的项目，它的项目结构首先要设置恰当。

EPLAN 中，项目结构由页结构和设备结构构成。设备结构由其他单个结构构成，例如"常规设备""端子排""电缆""黑盒"等。这些结构中的任何一种都可以单独构成设备。

电气设计标准中介绍一个系统主要从以下 3 个方面进行。

- 功能面结构（显示系统的用途，对应 EPLAN 中高层代号，高层代号一般用于进行功能上的区分）。
- 位置面结构（显示该系统的位置，对应 EPLAN 中的位置代号，位置代号一般用于设置元件的安装位置）。
- 产品面结构（显示系统的构成类别，对应 EPLAN 中的设备标识，设备标识表明该元件属于哪一个类别，是保护器件还是信号器件或执行器件）。

2.3.6 结构标识符

EPLAN 除了给定的项目设备标识配置，还可以创建用户自定义的配置并用它来确定自己的项目结构。用户可以借助设备标识配置创建页结构和设备结构，在该配置中确定使用不同的带有相应结构标识的设备标识块，EPLAN 还提供预定义的设备标识配置。此外，EPLAN 还可以为自己的项目结构创建用户自定义的设备标识配置。步骤如下。

（1）选择菜单栏中的"项目数据"→"结构标识符管理"命令，系统弹出"结构标识符管理-ESS_Sample_Project"对话框，如图 2-28 所示，显示高层代号、位置代号、文档类型 3 个选项组，每个选项卡包含"树"和"列表"两个选项卡。

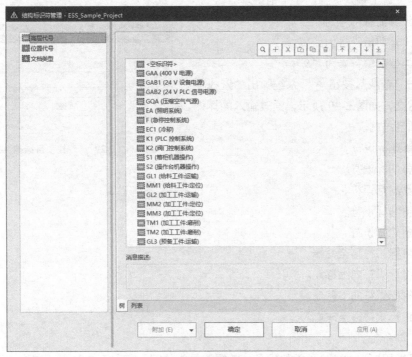

（a）"树"选项卡

图 2-28 "结构标识符管理-ESS_Sample_Project"对话框

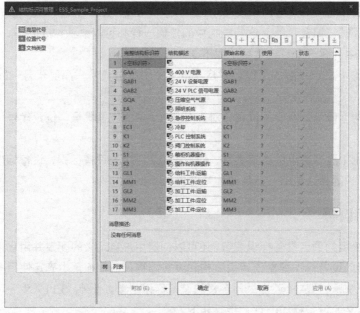

（b）"列表"选项卡

图 2-28 "结构标识符管理-ESS_Sample_Project"对话框（续）

（2）在对话框中为设备标识符的高层代号、位置代号和文档类型自定义选择一个前缀，或在可以自由选择的位置上输入选择的一个前缀。

- 高层代号前缀符号为"="。
- 位置代号前缀符号为"+"。
- 文档类型前缀符号为"&"。

（3）单击"查找"按钮 🔍，系统弹出"查找项目结构"对话框，如图 2-29 所示，通过输入的标识符名称查找项目结构。

图 2-29 "查找项目结构"对话框

- ➕：新建标识符。
- ✂：剪切标识符。
- 🗋：复制标识符。
- 📋：粘贴标识符。
- 🗑：删除标识符
- ⬆：将标识符移至开端。
- ↑：将标识符向上移动。
- ↓：将标识符向下移动。
- ⬇：将标识符移至末端。

（4）标识符命名

种类代号指用以识别项目种类的代号，前缀符号为"-"，有如下 3 种表示方法。

（1）由字母代码和数字组成，如-K2（种类代号前缀符号+项目种类的字母代码+同一项目种类的序号），如-K2M（种类代号前缀符号+项目种类的字母代码+同一项目种类的序号+项目的功能字母代码）。

（2）用顺序数字（1、2、3…）表示图中的各个项目，同时将这些顺序数字和它所代表的项目排列于图中或另外的说明中，如"–1、–2、–3…"。

（3）不同种类的项目采用不同组别的数字编号，如对电流继电器用 11、12。

如果创建一个新的设备标识配置时已经为相应的设备标识块指定了"标识性的"或"描述性的"属性，则可以选择设备标识块的前缀和分隔符，或输入用户自定义的前缀和分隔符。在用户自定义的项目结构中也可以确定设备标识块的可选的或用户自定义的前缀和分隔符。

2.4 工作环境设置

在电气图的绘制过程中，绘图效率和正确性往往与环境参数的设置有着密切的关系。参数设置合理与否，直接决定在设计过程中软件的功能是否能得到充分的发挥。

在 EPLAN Electric P8 2022 中，编辑器工作环境的设置是在"设置"对话框内完成的。

选择菜单栏中的"选项"→"设置"命令，或单击功能区"文件"选项卡中的"设置"命令，系统将弹出"设置:ESS_Sample_Project"对话框，如图 2-30 所示，该对话框主要有 4 个标签页，即项目、用户、工作站和公司。

在对话框的树形结构中显示 4 个类别的设置：项目、用户、工作站和公司，这些类别下分别包含更多的子类别。

图 2-30 "设置:ESS_Sample_Project"对话框

2.4.1 设置主数据存储路径

在 EPLAN Electric P8 2022 安装过程中，已经设置系统主数据的路径、公司代码和用户名称，EPLAN 自动把记录数据保存在默认路径中，若需要重新修改，在"设置"对话框中选择"用户"→"管理"→"目录"选项，设置主数据存储路径，如图 2-31 所示。

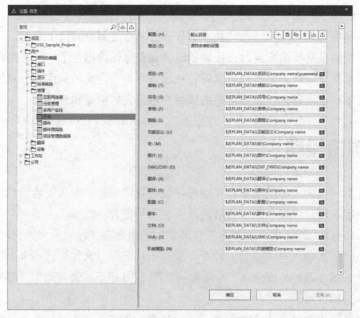

图 2-31　设置主数据存储路径

2.4.2　设置图形编辑环境

EPLAN Electric P8 2022 的图形编辑环境中，各个电路组成部件的颜色不同，以便于区分。用户可以根据个人习惯进行设置，并且可以决定是否在编辑器内显示属性名称。

1. 2D 图形编辑环境。

在"设置"对话框中选择"用户"→"图形的编辑"→"2D"选项，打开 2D 图形编辑环境的设置界面，该界面包括颜色设置、光标、鼠标滚轮功能和默认栅格尺寸等设置项，如图 2-32 所示。

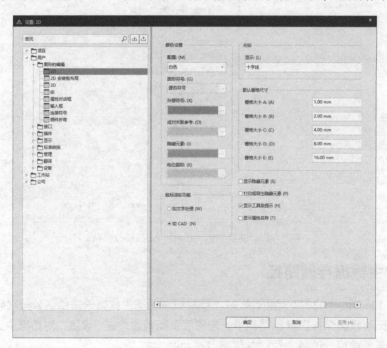

图 2-32　"2D"选项卡

（1）"颜色设置"选项组

该选项组用于设置 2D 编辑环境中不同对象的颜色。

在"配置"下拉列表中显示 2D 编辑环境背景色，可选择的颜色包括白色、灰色、黑色、浅灰色。

（2）"光标"选项组

该选项组主要用于设置光标的类型。在"显示"下拉列表框中，包含"十字线""小十字"两种光标类型，如图 2-33 所示。系统默认为"十字线"类型，即光标在原理图中以十字线显示。选择"小十字"光标类型，光标在原理图中以"小十字"形式显示，在该选项下还可激活"放置符号和宏时的显示十字线"复选框，即光标在原理图中一般以"小十字"形式显示，但当放置符号和宏时以"十字线"形式显示。

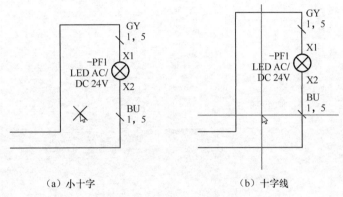

（a）小十字　　　　　　（b）十字线

图 2-33　光标显示类型

（3）"默认栅格尺寸"选项组

进入原理图编辑环境后，编辑窗口的背景是栅格型的，这种栅格就是可视栅格，是可以改变的。栅格为设备的放置和线路的连接带来了极大的方便，使用户可以轻松排列设备、整齐走线，共有"栅格 A""栅格 B""栅格 C""栅格 D""栅格 E"5 种栅格，对这 5 种栅格大小进行具体设置，如图 2-34 所示。

（4）"鼠标滚轮功能"选项组

该选项组主要用于设置系统的鼠标滚轮在图纸中的操作功能，使用鼠标滚轮可移动或缩放图纸。有两个选项可以供用户选择，即"如文字处理""如 CAD"。

· 如文字处理：选择该选项时，鼠标滚轮的使用功能与 Word 文档中鼠标滚轮的使用功能相同。即鼠标滚轮上下滑动时，图纸上下移动。

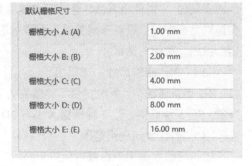

图 2-34　栅格大小设置

· 如 CAD：选择该选项时，鼠标滚轮的使用方法及功能与 CAD 中鼠标滚轮的使用功能相同，即鼠标滚轮上下滑动时，图纸放大或缩小；按住鼠标滚轮上下滑动时，图纸上下移动。

（5）选项设置

· 最小字号：勾选该复选框，设置图形编辑环境中文字大小的最小值，默认为 2mm。

· 显示隐藏元素：勾选该复选框，图形编辑环境中显示所有隐藏的元素。

· 打印或导出隐藏元素：勾选该复选框，打印图纸时显示、导出所有隐藏的元素。

· 显示工具条提示：勾选该复选框，在图纸中显示工具条提示。

- 显示属性名称：勾选该复选框，在图纸中显示设备或符号等对象的属性名称。

2. 3D 图形编辑环境

在"设置"对话框中选择"用户"→"图形的编辑"→"3D"，在该界面设置 3D 编辑环境的颜色设置、默认栅格尺寸等，如图 2-35 所示。

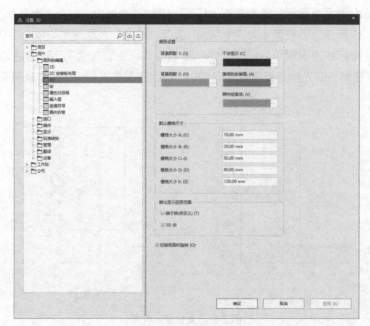

图 2-35 "3D"选项卡

（1）"颜色设置"选项组

该选项组用于设置编辑环境背景颜色。

在"背景阴影 1""背景阴影 2"颜色框设置 3D 编辑环境的背景阴影颜色。在"干涉显示""激活的安装面""铜件组激活"选项下单击颜色显示框，系统将弹出如图 2-36 所示的颜色选择对话框，在该对话框中可以设置不同情况下背景的颜色。选中对象颜色后，单击"确定"按钮，关闭对话框。

（2）"默认栅格尺寸"选项组

3D 编辑环境下，系统提供了"栅格 A""栅格 B""栅格 C""栅格 D""栅格 E" 5 种栅格，这 5 种栅格大小与 2D 编辑环境下的网格大小不同。

（3）"简化显示应用范围"选项组

该选项组主要用于设置对象应用范围。包含"端子排（块定义）""3D宏"两种应用对象。

（4）切换视角时旋转

勾选该复选框后，在 3D 编辑器中，为显示模型切换视角时，模型将自动旋转。

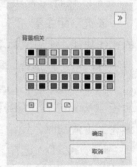

图 2-36 颜色选择对话框

2.4.3 设置电路图的字体

在"设置"对话框中选择"公司"→"图形的编辑"→"字体"选项，在该对话框中设置电路图的字体，如图 2-37 所示。

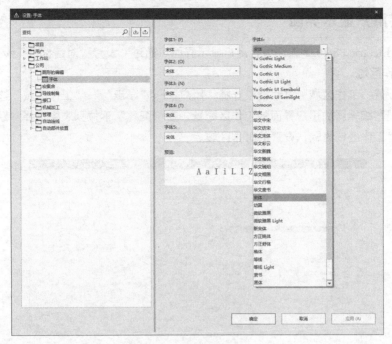

图 2-37　设置电路图的字体

此标签页分为两大部分。

- 字体：在字体 1 到字体 10 下拉列表中选择字体类型。
- 预览：显示选择的当前字体演示。

若需要导出 PDF 格式的文件，需要将"字体 1"设置为"Arial Unicode MS"，如图 2-38 所示。

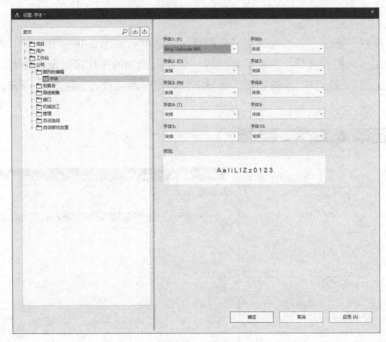

图 2-38　设置字体

2.4.4 设置用户显示界面

在 EPLAN Electric P8 2022 软件中，用户显示界面可通过"设置"对话框进行设置。

1. 设置工作区域

（1）在"设置：工作区域"对话框中选择"用户"→"显示"→"工作区域"选项，如图 2-39 所示，显示原理图编辑器的用户界面的工作区配置，在"配置"下拉列表中选择"默认"选项，表示原理图编辑器工作区域为默认设置的工作区域。

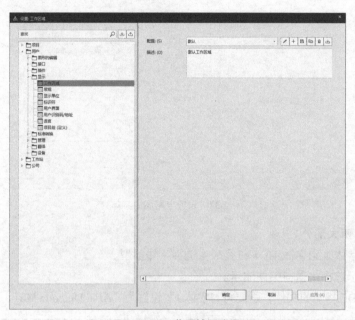

图 2-39 "工作区域"选项

（2）单击"新建"按钮 ⊞，系统弹出"新配置"对话框，如图 2-40 所示，在"配置"列表框下显示系统已有的工作区配置类型，根据需要选择、新建要添加的工作区域配置类型。

（3）单击"编辑"按钮 ☑，系统弹出"编辑工作区域"对话框，如图 2-41 所示，编辑工作区域模板。

图 2-40 "新配置"对话框

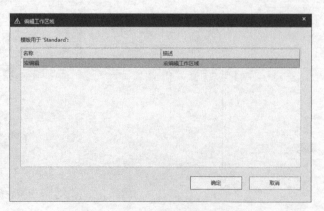

图 2-41 "编辑工作区域"对话框

2. 设置常规参数

在"设置"对话框中选择"用户"→"显示"→"常规"选项，如图 2-42 所示，显示原理图用户界面的常规环境参数。

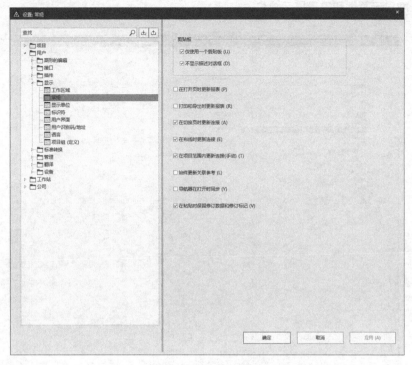

图 2-42 "常规"选项

（1）剪贴板：该选项组用来设置在复制、剪切对象到剪贴板或打印时的操作属性。

- "仅使用一个剪贴板"复选框：勾选该复选框后，被复制、剪切到剪贴板的对象只使用一个剪贴板。

- "不显示描述对话框"复选框：勾选该复选框后，被复制、剪切到剪贴板的对象不显示描述对话框。

（2）"在打开页时更新报表"复选框：勾选该复选框后，在打开项目中的原理图页时系统根据原理图页中的变动更新项目中的报表文件。

（3）"打印和导出时更新报表"复选框：勾选该复选框后，打印和导出项目中的原理图页时系统更新报表文件。

（4）"在切换页时更新连接"复选框：勾选该复选框后，在切换显示不同的原理图页时，系统更新切换打开的原理图页中的电路连接。

（5）"在布线时更新连接"复选框：勾选该复选框后，系统在原理图页中布线时更新电路连接。

（6）"在项目范围内更新连接（手动）"复选框：勾选该复选框后，用户在对项目范围内的原理图页文件进行操作时手动更新连接。

（7）"始终更新关联参考"复选框：勾选该复选框后，始终更新原理图页中的关联参考。

（8）"导航器在打开时同步"复选框：勾选该复选框后，在原理图页编辑环境中，导航器在打开时同步更新。

（9）"在粘贴时保留修订数据和修订标记"复选框：勾选该复选框后，用户在原理图页中粘贴对象时，修订数据和修订标记会被保留。

3. 设置显示单位

在"设置"对话框中选择"用户"→"显示"→"显示单位"选项，如图 2-43 所示，设置图纸单位，包括长度显示单位和重量显示单位。

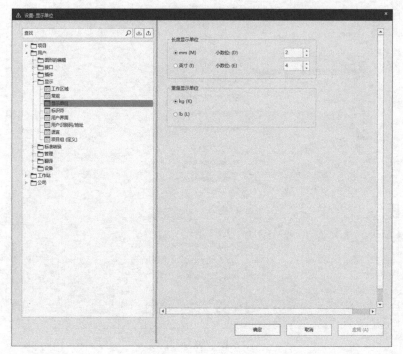

图 2-43　"显示单位"选项

通过"长度显示单位"选项组将长度单位设置为 mm（国际单位制），也可以设置为英寸（1in ≈ 25.4mm）。一般在绘制和显示时将长度单位设为 mm，还可以设置单位数字的小数点位数。

通过"重量显示单位"选项组将重量单位设置为 kg（K）（国际单位制，千克），也可以设置为 lb（L）（英制，镑），一般在绘制和显示时设为 kg（K）。

4. 设置标识符

项目结构标识符是对项目结构的标识或描述，除了设备标识块"功能分配""工厂代号""安装地点"和"文档类型"，用户自定义的标识结构还包含一个用户自定义的可自由选择前缀的设备标识块。用户可以在创建项目时确定由一个用户自定义的页面结构和一个用户自定义的设备结构构成的自定义项目结构。相反，一个用户自定义的设备结构也可以随后通过项目属性对话框来更改。按照相同方法确定所有结构。

在"设置"对话框中选择"用户"→"显示"→"标识符"选项，如图 2-44 所示，设置标识符在原理图编辑器的显示方式。

标识符的显示方式包括以下两种。

- 按字母顺序排列新标识符：需要添加标识符时，自动命名的标识符按字母顺序排列。
- 在末尾插入新标识符：需要添加标识符时，在前面已命名的标识符末尾插入新标识符。

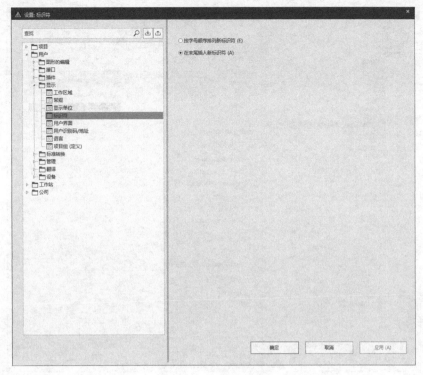

图 2-44 "标识符"选项

5. 设置用户界面

在"设置"对话框中选择"用户"→"显示"→"用户界面"选项，如图 2-45 所示，显示原理图编辑器用户界面的工作区配置。

- 最近打开项目的数量：设置用户界面中可以打开的项目的数量，默认值为 4。
- 预览中页框的最小宽度：设置用户界面预览中页框的最小宽度，默认值为 64。
- 重新打开最近的项目：勾选该复选框，启动软件后，系统自动重新打开最近的项目。
- 重新打开最近的页：勾选该复选框，启动软件后，自动重新打开最近的页。只有勾选"重新打开最近的项目"复选框，才能激活该选项。
- 管理项目指定的图形编辑器：勾选该复选框，启动软件后，系统管理项目指定的图形编辑器。
- 显示标识性的编号：勾选该复选框，图形编辑器中的设备显示标识性的编号。
- 在名称后：勾选"显示标识性的编号"后，激活该命令，再勾选该复选框，在设备名称后显示标识性的编号。
- 重新激活不显示消息：勾选该复选框，启动软件后，命令重新激活后不显示消息。
- 写保护的页/布局空间的颜色设置：在该选项下显示"背景（2D）""背景阴影 1（3D）"和"背景阴影 2（3D）"的配色方案。分别设置 2D、3D 编辑环境下编辑器的底色。

6. 设置用户识别码/地址

在"设置"对话框中选择"用户"→"显示"→"用户识别码/地址"选项，如图 2-46 所示，显示 EPLAN 用户的标识、名称、登录名、电话、电子邮件、客户编号。

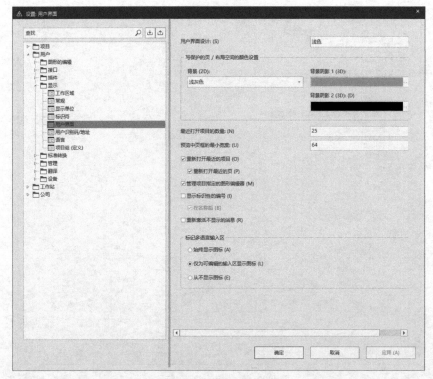

图 2-45 "用户界面"选项

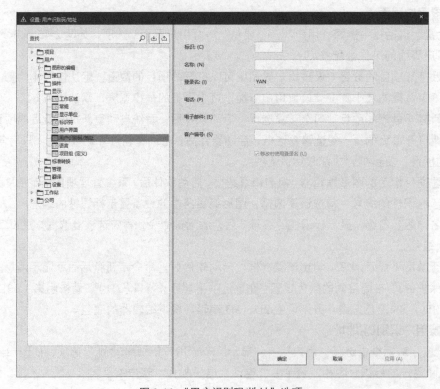

图 2-46 "用户识别码/地址"选项

7. 设置语言

在"设置"对话框中选择"用户"→"显示"→"语言"选项，如图 2-47 所示，显示原理图编辑器中对话框语言和可选的语言，默认为"zh_CN（中文（中国））"。

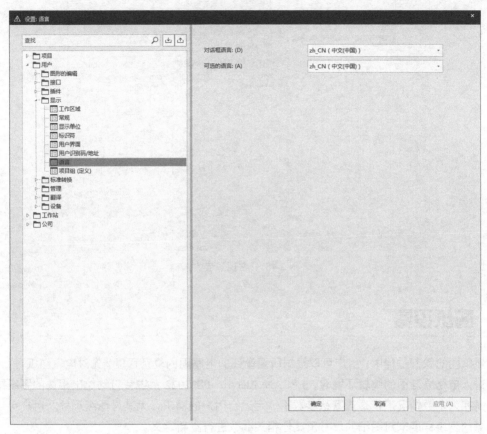

图 2-47 "语言"选项

2.4.5 翻译语言

EPLAN Electric P8 2022 能够以各种语言提供电路图——从中文的布线图到俄语的材料报表，所有的文件都可以在线翻译或在工作完成之后进行翻译。用户只需要以中文进行项目规划，系统会将相关文字翻译成具体的指令。这不仅可以简化国际合作，而且会使文档制作更加简单。

在"设置"对话框中选择"用户"→"翻译"→"常规"选项，在该界面设置电路图的语言，如图 2-48 所示。左侧"语言"列表中显示翻译语言，用户可新建或删除语言，可依次选择中文、俄语等语言。

- 在输入时进行翻译：勾选该复选框，在输入时进行翻译；取消勾选该复选框，则在输入时不进行翻译。
- 区分大小写：勾选该复选框，翻译时区分大小写。
- 更改已翻译的文本：勾选该复选框，显示文本时，对已翻译的文本进行修改。
- 多种含义时手动选择：勾选该复选框，当需要翻译的对象有多种含义时，可手动选择其中一种含义。

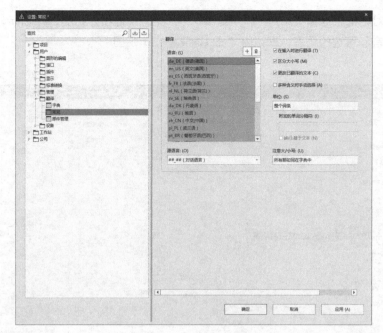

图 2-48 "常规"选项

2.5 图纸设置

在电气图的绘制过程中，用户可以根据所要设计的电路图的复杂程度，先对电气图纸进行设置。虽然在进入电路原理图的编辑环境时，EPLAN Electric P8 2022 系统会自动给出相关的图纸默认参数，但是在大多数情况下，这些默认参数不一定适合用户的需求，尤其是图纸尺寸。用户可以根据设计对象的复杂程度来对图纸的尺寸及其他相关参数进行重新定义。

2.5.1 图纸页分类

一个工程项目图纸由多个图纸页组成，典型的电气工程项目图纸包含封页、目录表、电气原理图、安装板、端子图表、电缆图表、材料清单等图纸页。

EPLAN 中含有多种类型的图纸页，不同类型图纸页的含义和用途不同，为方便区别，每种类型的图纸页以不同的图标显示。

按生成的方式分，EPLAN 中有两类图纸页，即交互式图纸页和自动式图纸页。交互式图纸页即手动绘制的图纸页，设计者与计算机互动，根据工程经验和理论设计图纸。自动式图纸页根据系统生成。

交互式图纸包括 11 种类型，具体描述如下。

- 单线原理图（交互式）：单线图是功能的总览表，可与原理图互相转换、实时关联。
- 多线原理图（交互式）：电气工程中的电路图。
- 管道及仪表流程图（交互式）：仪表自控中的管道及仪表流程图。
- 流体原理图（交互式）：流体工程中的原理图。
- 安装板布局（交互式）：安装板布局图设计。

- 图形（交互式）：无逻辑绘图。
- 外部文档（交互式）：可与外界链接的文档。
- 总览（交互式）：总览功能的描述。
- 拓扑（交互式）：原理图中布线路径 2D 网络设计。
- 模型视图（交互式）：基于布局空间 3D 模型生成的 2D 绘图。
- 预规划（交互式）：用于预规划模块中的图纸页。

2.5.2 图纸系统结构

EPLAN Electric P8 2022 通常根据工艺划分的区域进行图纸的绘制，针对一个完成的工程项目，绘图通常采用二级结构，介绍如下。

- 高层代号：可分为基本设计、原理图、施工设计。
- 位置代号：高级代号的下一级结构。

图纸系统结构如图 2-49 所示。

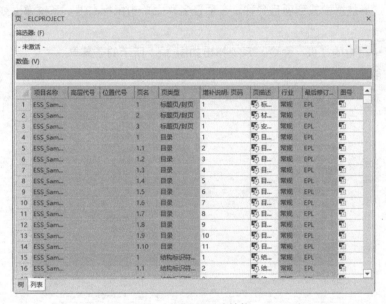

图 2-49　图纸系统结构

1. 图纸页结构命名

图纸页结构名称一般采用"高层代号+位置代号+页名"的形式，也可以采用"高层代号+页名"的形式，建议使用"高层代号+页名"这种形式，这种形式看上去省略了位置代号，但是在绘制电气图时在相应的图纸中仍然有位置代号（使用了位置盒）。

2. 图纸编号

为了方便对绘制完成的图纸进行查找与区分，所以要给图纸添加编号，不同符号与数字代表不同的含义。

3. 图纸组成

图纸包含不同的组成部分，下面简单介绍这些组成部分。

- 符号：元件的图形化表示。使用图形标识一个设备或概念的元件、标记或符号。
- 设备：由一个或多个元件组成，例如接触器线圈和触点，其中，线圈和触点是元件，也可称之为主功能线圈和辅助功能触点。

- 元件：在电气图设计中元件以元件符号的形式出现。元件是组成设备的个体单位。
- 黑盒：由图形元素构成，代表物理上存在的设备，通常我们用黑盒描述标准符号库中没有的符号。
- 结构盒：表示位于同一位置、功能相近或具有相同页结构的一组部件组合，结构盒不是设备，但它有设备标识名称，只是一种示意。
- PLC 盒子：PLC 系统的硬件描述，例如数字输入输出卡、模拟输入输出卡、电源单元等。

2.5.3 图纸管理

EPLAN Electric P8 2022 中的项目是用来管理相关文件及属性的。在新建项目下创建相关的图纸文件，如根据创建的文件类型的不同，生成的图纸文件也不尽相同。

图纸页的管理命令包括新建、打开、关闭、复制、粘贴等，用户可通过下面 3 种方式使系统执行命令。

（1）在"页"导航器中找到项目名称，在项目名称上单击鼠标右键，系统弹出如图 2-50 所示的快捷菜单。

（2）选择菜单栏中的"页"命令，系统弹出如图 2-51 所示的子菜单。

（3）单击功能区"文件"选项卡，弹出如图 2-52 所示的工具按钮。

图 2-50　快捷菜单　　　　　　　　　图 2-51　子菜单

图 2-52　工具按钮

下面主要介绍如何创建图纸页。

在"页"导航器中选中项目名称，选择菜单栏中的"页"→"新建"命令，或者单击功能区"文件"选项卡中的"新建"命令，或者单击"新建"按钮，系统弹出如图 2-53 所示的"新建页"对话框，在该对话框中设置原理图页的名称、类型与属性等参数。

图 2-53　"新建页"对话框

（1）在"完整页名"文本框内输入电路图页完整名称，如图 2-54 所示，原理图页一般采用"高层代号+位置代号+页名"形式，设置页类型，添加页结构描述，也可以在"完整页名"右侧单击"…"按钮，系统弹出"完整页名"对话框，在该对话框中设置高层代号、位置代号、页名，可在已存在的结构标识中选择，也可手动输入标识或创建新的标识。

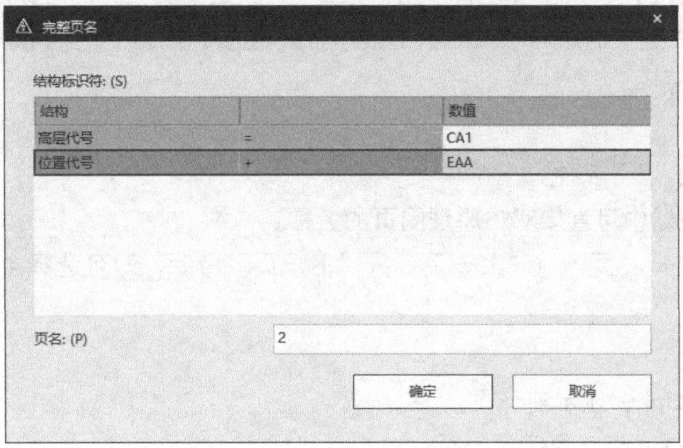

图 2-54　"完整页名"对话框

单击"确定"按钮，返回"新建页"对话框。

（2）从"页类型"下拉列表中选择需要页的类型，单击右侧"…"按钮，系统弹出"添加页类型"对话框，在该对框中选择图纸页的类型，如图 2-55 所示。在"页描述"文本框中输入图纸描述，如"电气工程中的电路图"。

（3）"属性名-数值"列表默认显示图纸的表格名称、图框名称、比例、栅格和批准人等信息。

- 单击"新建"按钮➕，弹出"属性选择"对话框，如图 2-56 所示，在列表中选择要添加的属性。

- 单击"应用"按钮,可重复创建以相同参数设置的多张图纸。每单击一次,创建一张新原理图页,系统会在创建者框中自动输入用户标识。
- 单击"确定"按钮,完成图页添加,在"页"导航器中显示添加原理图页结果。

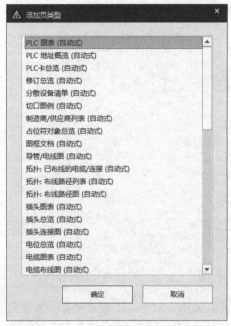
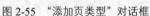
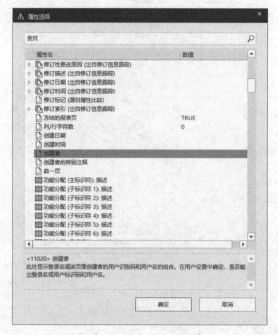

图 2-55 "添加页类型"对话框   图 2-56 "属性选择"对话框

(4)图页的删除

删除原理图页文件比较简单,和 Windows 系统一样,选中要删除的对象后按<Delete>键即可,或在"页"导航器中在选中的原理图页上单击鼠标右键,选择快捷命令"删除",另外,删除操作是不可恢复的,需谨慎操作。

(5)图页的选择

图页的选择方式有以下 3 种。

① 在"页"导航器中可直接双击原理图页的名称。

② 在菜单栏中选择"页"→"上一页"或"下一页"命令,即可选择当前选择页的上一页或下一页。

③ 按快捷键。

- 快捷键<Page Up>:显示前一页。
- 快捷键<Page Down>:显示后一页。

实例——创建不同类型图纸

(1)打开项目

选择菜单栏中的"项目"→"打开"命令,系统弹出如图 2-57 所示的"打开项目"对话框,选择文件名为"ELCPROJECT"的项目文件,单击"打开"按钮,在"页"导航器中显示打开的项目文件,如图 2-58 所示。

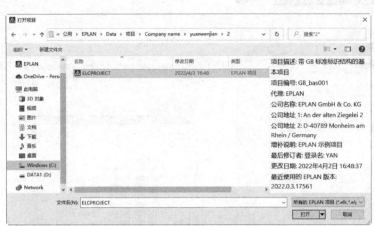

图 2-57　"打开项目"对话框

图 2-58　打开的项目文件

（2）在"页"导航器中选中项目名称，选择菜单栏中的"页"→"新建"命令，系统弹出如图 2-59 所示的"新建页"对话框。

（3）在"页类型"下拉列表中选择"多线原理图（交互式）"选项，在"页描述"文本框输入图纸描述"模板：多线原理图"，如图 2-60 所示。

图 2-59　"新建页"对话框 1

图 2-60　"新建页"对话框 2

（4）单击"应用"按钮，在"页"导航器中创建图纸页"模板：多线原理图"。此时，在"新建页"对话框显示下一张图纸页，默认"完整页名"为"=CA1+EAA/3"。

（5）单击"页类型"文本框右侧的下拉按钮，选择图页类型为"单线原理图（交互式）"，在"页描述"文本框中输入图纸描述"模板：单线原理图"，如图 2-61 所示。

（6）同样的方法，单击"应用"按钮，创建不同页类型的图纸页，最后单击"确定"按钮，关闭"新建页"对话框。在"页"导航器中创建原理图页，新建的图页文件如图 2-62 所示。

图 2-61 创建图页 图 2-62 新建的图页文件

2.6 层管理

EPLAN 图层的概念类似投影片，将不同属性的对象分别放置在不同的投影片（图层）上。例如，将原理图中的设备、连接点、黑盒分别绘制在不同的图层上，每个图层可设定不同的线型、线条颜色，然后可以把不同的图层堆叠在一起成为一张完整的视图，这样就可使视图层次分明，方便图形对象的编辑与管理。一个完整的图形就是由它所包含的所有图层上的对象叠加在一起构成的，图层效果如图 2-63 所示。

2.6.1 图层的设置

用图层功能绘图之前，用户首先要对图层的各项特性进行设置，包括建立和命名图层、设置当前图层、设置图层的颜色和线型、图层是否关闭，以及图层删除等。

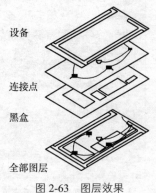

设备

连接点

黑盒

全部图层

图 2-63 图层效果

选择菜单栏中的"项目数据"→"层管理"命令，系统打开如图 2-64 所示的"层管理-ESS_Sample_Project"对话框，该对话框包括图形、符号图形、属性放置、特殊文本和 3D 图形 5 个选项组，这 5 个选项组还包括不同类型的对象，我们需要对不同对象设置不同类型的图层。

（1）"新建图层"按钮 ⊞：单击该按钮，图层列表中出现一个新的图层名称"新建_层 1"，用户可使用此名称，也可改名，如图 2-65 所示。

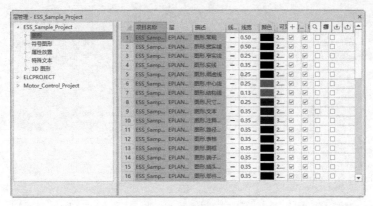

图 2-64 "层管理"对话框

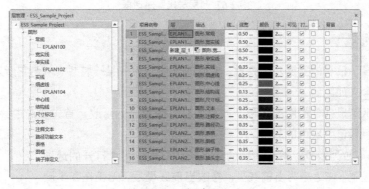

图 2-65 新建图层

（2）"删除图层"按钮 ：在图层列表中选中某一图层，然后单击该按钮，则可以把该图层删除。

（3）"导入"按钮 ：在图层列表中导入选中的图层，单击该按钮，系统弹出"层导入"对话框，如图 2-66 所示，选择层配置文件"*.elc"，导入设置层属性的文件。

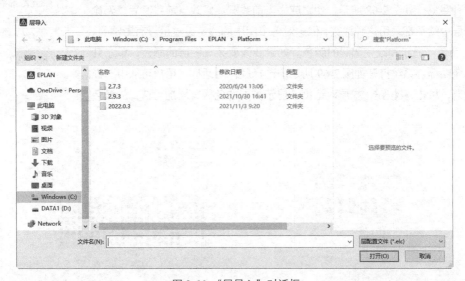

图 2-66 "层导入"对话框

（4）"导出"按钮 ：在图层列表中导出设置好的图层模板，单击该按钮，系统弹出"层导出"对话框，如图 2-67 所示，导出层配置文件"*.elc"。

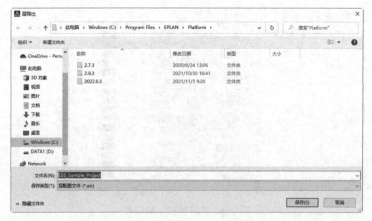

图 2-67　"层导出"对话框

2.6.2　图层列表

　　图层列表区显示已有的图层及其特性。要修改某一图层的某一特性，单击它所对应的图标即可。列表区中各列的含义如下。

　　（1）层：显示满足条件的图层名称。如果要对某图层进行修改，首先要选中该图层的名称。

　　（2）描述：解释该图层中的对象。

　　（3）"线型"下拉列表框：单击右侧的向下箭头，用户可从打开的选项列表中选择一种线型，使之成为当前线型。修改当前线型后，无论在哪个图层中绘图都采用这种线型，但这对各个图层的线型设置是没有影响的。

　　（4）"样式长度"下拉列表框：单击右侧的向下箭头，用户可从打开的选项列表中选择一种默认长度。

　　（5）"线宽"下拉列表框：单击右侧的向下箭头，用户可从打开的选项列表中选择一种线宽，如图 2-68 所示，使之成为当前线宽。修改当前线宽后，无论在哪个图层中绘图都采用这种线宽，但这对各个图层的线宽设置是没有影响的。

图 2-68　线宽下拉列表

　　（6）颜色：显示和改变图层的颜色。如果要改变某一图层的颜色，单击其对应的颜色图标，系统打开如图 2-69 所示的选择颜色对话框，用户可从中选择需要的颜色，单击 ≫ 按钮，扩展对话框，显示扩展的色板，增加可选择的颜色。

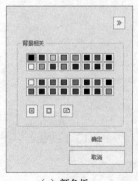

（a）颜色板

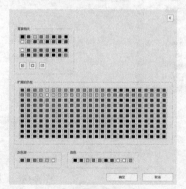

（b）扩展颜色版

图 2-69　选择颜色对话框

（7）"字号"下拉列表框：单击右侧的向下箭头，用户可从打开的选项列表中选择一种字号，修改当前字号后，该图层中的对象默认使用该字号的文字。

（8）"方向"下拉列表框：单击右侧的向下箭头，用户可从打开的选项列表中选择一种文字方向。

（9）"角度"下拉列表框：单击右侧的向下箭头，用户可从打开的选项列表中选择一种对象放置角度，包括 0°、45°、90°、135°、180°、−45°、−90°、−135°。

（10）"行间距"下拉列表框：单击右侧的向下箭头，用户可从打开的选项列表中选择一种行间距，包括单倍行距、1.5 倍间距、双倍间距。

（11）"段落间距"下拉列表框：单击右侧的向下箭头，用户可在打开的选项列表中选择间距大小。

（12）"文本框"下拉列表框：单击右侧的向下箭头，用户可在打开的选项列表中选择文本框类型，包括长方形、椭圆形、类椭圆。

（13）"可见"复选框：勾选该复选框，该图层在原理图中显示，否则，不显示。

（14）"打印"复选框：勾选该复选框，该图层可以由打印机打出，否则，不能由打印机打出。

（15）"锁定"复选框：勾选该复选框，图层呈现锁定状态，该图层中的对象均不会显示在绘图区中，也不能由打印机打出。

（16）"背景"复选框：勾选该复选框，该图层在原理图中显示背景，否则，不显示。

（17）"可按比例缩放"复选框：勾选该复选框，该图层在原理图中显示时可按比例缩放，否则，不可按比例缩放。

（18）"3D 层"复选框：勾选该复选框，该层在原理图中显示 3D 层，否则不显示 3D 层。

2.7 操作实例——创建电动机控制电路项目

电动机在各行各业得到了广泛的应用，因此掌握电动机控制系统的原理并能够进行电路系统的设计就尤为重要。

本节创建电动机控制电路项目，本项目中包含直流电动机、单相异步电动机和三相电动机控制系统的设计，讲解了电动机的常用控制电路，分析了控制电路工作原理，介绍了直接启动、降压启动等多种启动方式，进一步阐述了多台电动机的顺序启动和多地控制启动等内容，对从事电气工作的人员具有指导意义。

1. 创建项目

（1）选择菜单栏中的"项目"→"新建"命令，系统弹出如图 2-70 所示的"创建项目"对话框，在"项目名称"文本框中输入要创建的新项目名称"Motor_Control_Project"，在"保存位置"文本框下选择项目文件的保存路径。

（2）在"基本项目"列表中单击"…"按钮，弹出"选择基本项目"对话框，如图 2-71 所示，选择基本项目"GB_bas001.zw9"。

（3）单击"确定"按钮，显示创建新项目进度，如图 2-72 所示，进度条完成后，系统弹出"项目属性:Motor_Control_Project"对话框，显示当前项目图纸的参数属性，默认打开"属性"选项卡，显示"属性名-数值"列表中的参数，如图 2-73 所示。

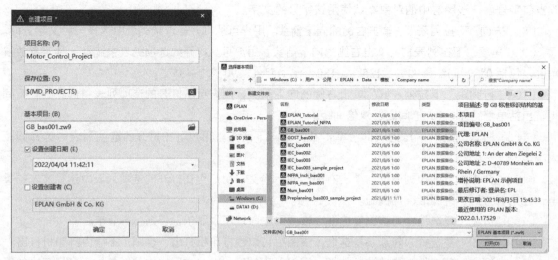

图 2-70　"创建项目"对话框　　　　　　图 2-71　"选择基本项目"对话框

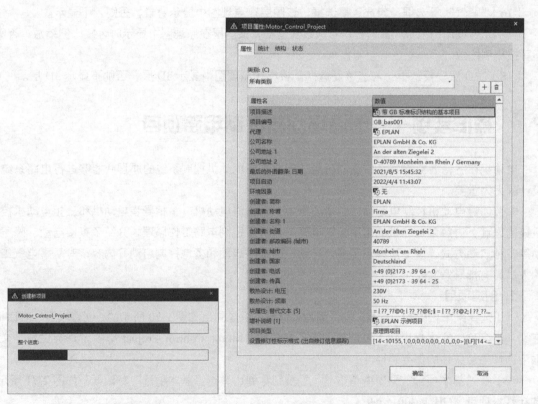

图 2-72　创建新项目进度　　　　　　图 2-73　"项目属性"对话框

（4）单击"新建"按钮 +，系统弹出"属性选择"对话框，选择"AutomationML：公司"属性，如图 2-74 所示，单击"确定"按钮，在添加的属性"AutomationML：公司"栏的"数值"列输入公司信息，完成设置的对话框如图 2-75 所示。

图 2-74 "属性选择"对话框　　　　图 2-75 完成设置的对话框

（5）单击"确定"按钮，关闭对话框，在"页"导航器中显示创建的新项目"Motor_Control_Project"，选中根据模板文件创建的"1 首页"文件，单击鼠标右键选择"删除"命令，删除该图纸页，如图 2-76 所示。在项目路径下自动创建"Motor_Control_Project.elk"文件和"Motor_Control_Project.edb"文件夹。

2．新建结构标识符

（1）选择菜单栏中的"项目数据"→"结构标识符管理"命令，系统弹出"结构标识符管理- Motor_Control_Project"对话框。

（2）选择"高层代号"选项，打开"树"选项卡，选中"<空标识符>"，单击"新建"按钮 ⊞，系统弹出"新标识符"对话框，如图 2-77 所示，在"名称"文本框中输入"ZF01"，在"结构描述"行输入"串电阻正反转启动"。

图 2-76　空白新项目

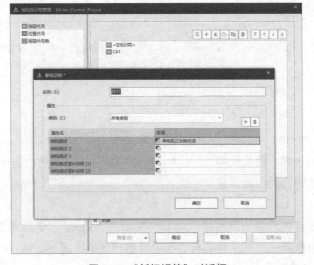

图 2-77 "新标识符"对话框

（3）单击"确定"按钮，在"高层代号"中添加"ZF01（串电阻正反转启动）"，创建高层代号，如图 2-78 所示。

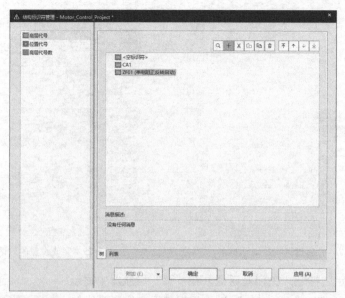

图 2-78　创建高层代号

（4）同样的方法，在"高层代号"栏中添加标识符，结果如图 2-79 所示。

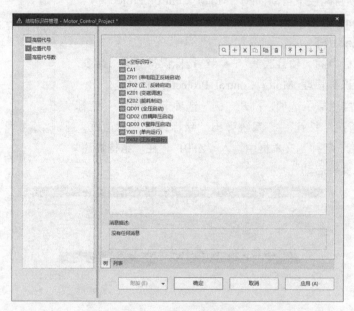

图 2-79　在"高层代号"栏添加标识符

（5）在左侧列表中选择"位置代号"，单击"新建"按钮 ⊞，创建位置代号标示符，如图 2-80 所示，单击"确定"按钮，关闭对话框。

3. 图页的创建

（1）在"页"导航器中选中项目名称"Motor_Control_Project"，选择菜单栏中的"页"→"新建"命令或在"页"导航器中找到项目名称，在项目名称上单击鼠标右键，选择"新建"命令，系统弹出如图 2-81 所示的"新建页"对话框。

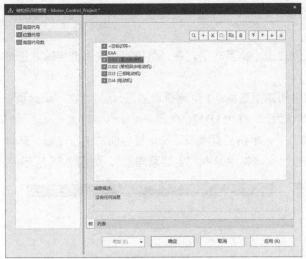

图 2-80　创建位置代号标识符　　　　　　　　图 2-81　"新建页"对话框

（2）在"新建页"对话框中，"完整页名"文本框内显示电路图页名称，默认名称为"1"，单击"…"按钮，系统弹出"完整页名"对话框，如图 2-82 所示，设置原理图页的命名。

（3）在"高层代号"文本框右侧单击"…"按钮，系统弹出"高层代号"对话框，选择高层代号标识符"ZF01（串电阻正反转启动）"，如图 2-83 所示。

（4）在"位置代号"文本框右侧单击"…"按钮，系统弹出"位置代号"对话框，设置位置代号标识符 DJ01（直流电动机），"页名"为 1，单击"确定"按钮，完成设置后的"完整页名"对话框如图 2-84 所示。

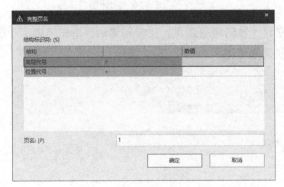

图 2-82　"完整页名"对话框 1　　　　　　　　图 2-83　"高层代号"对话框

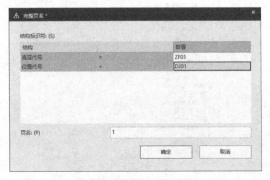

图 2-84　"完整页名"对话框 2

（5）单击"确定"按钮，返回"新建页"对话框，显示创建的图纸页完整页名为"=ZF01+DJ01/1"，如图 2-85 所示。

（6）从"页类型"下拉列表中选择"多线原理图（交互式）"，在"页描述"文本框中输入图纸描述"电路原理图"。

（7）单击"应用"按钮，在"页"导航器中创建图纸页"1 电路原理图"。此时，在"新建页"对话框中显示下一张图纸页的"完整页名"，默认为"=ZL01+DJ01/2"。

（8）选择高层代号标识符"KZ01（变磁调速）"，单击"页类型"文本框右侧的下拉按钮，选择图页类型"多线原理图（交互式）"，在"页描述"文本框中输入"电路原理图"，如图 2-86 所示。

图 2-85　创建图页 1

图 2-86　创建图页 2

（9）同样的方法，继续选择高层代号与位置代号创建图纸页，完成创建后，单击"确定"按钮，关闭"新建页"对话框。在"页"导航器中创建原理图页，如图 2-87 所示。

图 2-87　创建的原理图页

4. 图层管理

选择菜单栏中的"项目数据"→"层管理"命令，系统打开如图 2-88 所示的"层管理"对话框，选择"符号图形"选项组，将"符号图形电位"图层的颜色设置为绿色。

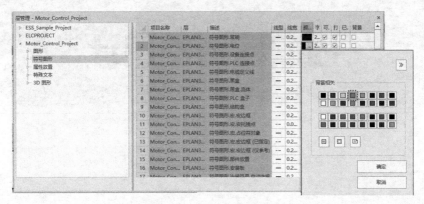

图 2-88 "层管理"对话框

第 3 章

面向图形的设计

内容简介

EPLAN Electric P8 2022 为用户提供了在面向图形的设计方法和面向对象的设计方法间进行切换的平台，面向图形的设计方法通常比较适合项目的开始阶段，而面向对象的设计方法经常在项目后期才会显露出它的重要作用。

面向图形的设计方法采用传统设计模式，即先在图纸上添加元件符号，再进行选型。

内容要点

■ 图形编辑器

■ 元件符号库

■ 元件布局

3.1 图形编辑器

图形编辑器（GED）是 EPLAN 的主要工作界面，包含 EPLAN 项目设计的主要编辑功能。图形编辑器通常分为几个区域，最主要的工作区域是原理图设计和编辑的区域。

当设计原理图时，系统打开的是图形编辑器；当打开和编辑表格的时候，编辑器被称为表格编辑器；当打开和编辑图框的时候，编辑器被称为图框编辑器；当打开和编辑符号的时候，编辑器被称为符号编辑器。

图形编辑器含有相关对话框、页导航器、图形预览界面和用户定义的工具栏。在打开不同类型的编辑器时，菜单栏下的命令会有所不同。

3.1.1 工作区域

所谓工作区域即设计的工作环境，图形编辑器的表现形式不是固定不变的，通过改变工作区域可以快速切换不同的工作界面。选择菜单栏中的"视图"→"工作区域"命令，系统弹出"工作区域"对话框，如图 3-1 所示。其中，默认工作区域即 EPLAN Electric P8 2022 的主要设计环境，含有页导航器、图形编辑器和图形预览界面。此外，在工作区域内还可以配置其他工作环境。

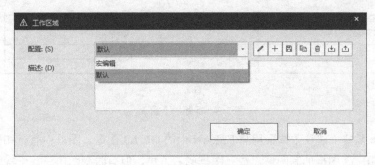

图 3-1 "工作区域"对话框

图形编辑器中除了实际的工作区域，还有标题栏，它用于显示主要信息。标题栏中显示的最重要的信息就是当前打开的项目名称。可以按照自定义的方式显示项目名称，如项目名称以"项目路径+项目名称+页"的形式出现。标题栏的内容是固定的，不能对其进行修改。

3.1.2 图框

图框是项目图纸的一个模板，每一页电气图纸共用一个图框，如图 3-2 所示。图框主要以说明整个项目为目的，包括的内容有创建者、批准人、项目名称、项目编号、客户名称、当前页内容、总页数、当前页数等，说明部分主要体现在标题栏中，如图 3-3 所示。

图 3-2 图框

			项目名称	ESS_Sample_Project	项目编号
				磨床	001
					图号
修改	日期	姓名	创建者	EPL	批准人

(a)

EPLAN Software & Service GmbH & Co. KG		气动柜	
		日期 2017-6-22	校对 EPL

(b)

图 3-3 图框标题栏样式示例

	=			&MTL11		
				安装板布局		
	+			页		1
				页数	21 从	260

(c)

图 3-3　标题栏（续）

　　为了后续设计需要，建议图框采用与 EPLAN 中的 GB A3 图框，图框中有行和列，具体使用时可做适当修改。GB A3 图框的制图信息放在图框的右下角，但有时制图信息会干扰图框右部电气元件的放置，因此，也可适当采用 EPLAN 中的 IEC A3 图框。

　　选择菜单栏中的"工具"→"主数据"→"图框"→"新建"命令，系统弹出"创建图框"对话框，如图 3-4 所示，输入新图框名称，此名称默认保存在 EPLAN 数据库中。单击"保存"按钮，系统弹出"图框属性"对话框，显示创建的新图框参数，如梯数、非逻辑页上显示列号、触点映像间距（元件上/路径中）、栅格等，如图 3-5 所示。

图 3-4　"创建图框"对话框

图 3-5　"图框属性"对话框

单击"确定"按钮，完成新图框的创建，在"页"导航器中显示创建的新图框 NEW.fn1，进入图框编辑环境，如图 3-6 所示。

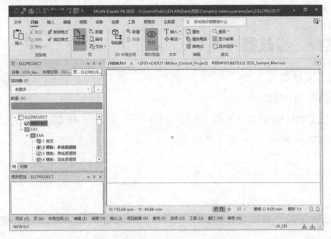

图 3-6　创建的新图框

3.2　元件符号库

符号（电气符号）是电器设备的一种图形表达，符号存放在符号库中。为了工程师之间能看懂对方的图纸，专业的标准委员会或协会制定了统一的电气标准。

根据功能，符号可以分为以下 4 类。

- 不表示任何功能的符号，如连接符号，包括角节点、T 节点。
- 表示一种功能的符号，如常开触点、常闭触点。
- 表示多种功能的符号，如点击保护开关、熔断器、整流器。
- 表示一个功能的一部分，设备的某个连接点、转换触点。

元件符号是用电气图形符号、带注释的围框或简化外形表示电气系统或设备的组成部分之间的相互关系及连接关系的一种图。

3.2.1　元件符号库标准

目前常见的电气设计标准有 IEC（国际电工委员会）颁布的 IEC 61346，也称之为欧标，以及 GOST（俄罗斯国家标准）、GB4728（中国国家标准）等。

EPLAN Electric P8 2022 中内置四大标准的符号库，分别是 IEC 标准、GB、NFPA 标准（美国消防协会制定的标准）和 GOST 的元件符号库，具体如下，元件符号库又分为原理图符号库和单线图符号库。

- IEC_Symbol：符合 IEC 标准的原理图符号库。
- IEC_single_Symbol：符合 IEC 标准的单线图符号库。
- GB_symbol：符合 GB 的原理图符号库。
- GB_single_Symbol：符合 GB 的单线图符号库。
- NFPA_Symbol：符合 NFPA 标准的原理图符号库。
- NFPA_single_Symbol：符合 NFPA 标准的单线图符号库。
- GOST_Symbol：符合 GOST 的原理图符号库。

- GOST_single_Symbol：符合 GOST 的单线图符号库。

EPLAN Electric P8 2022 中有两种元件符号放置方法，分别是通过"符号选择"导航器放置和通过"符号选择"对话框放置。

3.2.2 "符号选择"导航器

选择菜单栏中的"项目数据"→"符号"命令，在工作窗口左侧就会出现"符号选择"标签，并自动弹出"符号选择"导航器。

打开项目文件"ELCPROJECT"下的"GB_symbol"（符合 GB 的原理图符号库），在该标准库下显示电气工程符号与特殊符号，如图 3-7 所示。

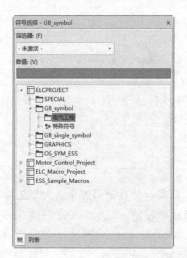

图 3-7 选择标准的符号库

在导航器树形结构中选中元件符号后，直接将其拖动到原理图中适当位置或在该元件符号上单击鼠标右键，选择"插入"命令，自动激活元件放置命令，如图 3-8 所示。这时光标变成十字形状并附加一个交叉记号，如图 3-9 所示，将光标移动到原理图适当位置，在空白处单击鼠标，完成元件符号插入，此时光标仍处于放置元件符号的状态，重复上述操作可以继续放置其他的元件符号。

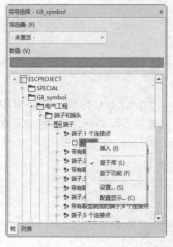

图 3-8 选择元件符号

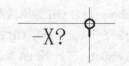

图 3-9 插入元件符号

3.2.3 "符号选择"对话框

选择菜单栏中的"插入"→"符号"命令,系统将弹出如图 3-10 所示的"符号选择"对话框,打开"树"选项卡,可以选择需要的元件符号;打开"列表"选项卡,在该选项卡中搜索需要的元件符号。

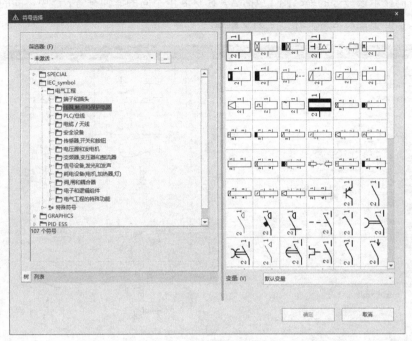

(a)"树"选项卡

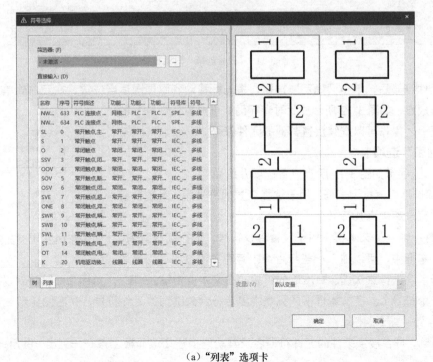

(a)"列表"选项卡

图 3-10 "符号选择"对话框 1

1. "树"选项卡

在"筛选器"下显示的树形结构中选择元件符号。各符号根据不同的功能定义被划分至不同的组中。切换树形结构，浏览不同的组，直到找到所需的符号。

在树形结构中选中元件符号后，在列表下方的描述框中显示该符号的符号描述，如图 3-11 所示。在对话框的右侧显示该符号的缩略图，包括 A ~ H 这 8 个不同的元件符号，选中不同的元件符号时，在"变量"文本框中显示对应元件符号的变量名。

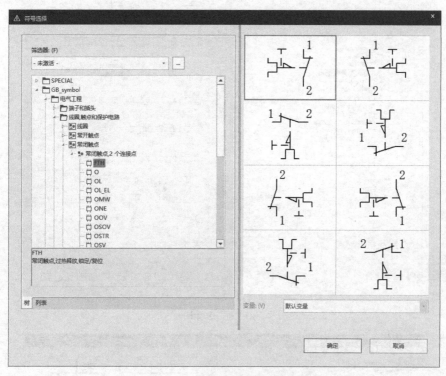

图 3-11 "符号选择"对话框 2

选中元件符号后，单击"确定"按钮，将光标移动到原理图适当位置，在空白处单击鼠标，完成元件符号放置，如图 3-12 所示。此时光标仍处于放置元件符号的状态，重复上述操作可以继续放置其他的元件符号。

2. "列表"选项卡

"列表"选项卡如图 3-13 所示。各选项介绍如下。

（1）"筛选器"下拉列表框：用于选择查找的符号库，系统会在已经加载的符号库中查找符号。

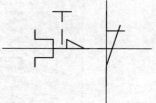

（2）"直接输入"文本框：用于设置查找符号，进行高级查询，在该选项文本框中，可以输入一些与查询内容有关的过滤语句表达

图 3-12 放置元件符号 2

式，有助于系统进行更快捷、更准确的查找。在文本框中输入"E"，光标立即跳转到以这个关键词开始的第一个符号上。在文本框下的列表中显示符合关键词的元件符号，在右侧显示 8 个元件符号的缩略图。

可以看到，符合搜索条件的元件符号名及其功能描述在该面板上被一一列出，供用户浏览参考。

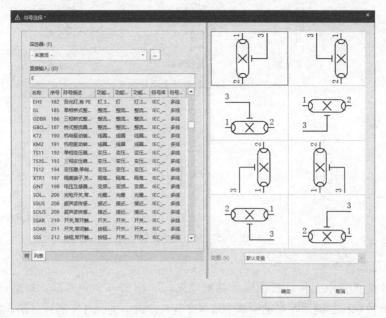

图 3-13 "列表"选项卡

3.3 元件布局

原理图有两个基本要素，即元件放置和线路连接。绘制原理图的主要操作就是将元件放置在原理图图纸上，然后用线将元件中的引脚连接起来，建立正确的电气连接。在放置元件前，用户需要知道元件在哪一个符号库中，并使系统载入该符号库。

3.3.1 符号位置的调整

每个元件被放置时，其初始位置并不是很准确。在进行连线前，用户需要根据原理图的整体布局对元件的位置进行调整。这样不仅便于布线，也使所绘制的电路原理图清晰、美观。元件的布局好坏直接影响绘图的效率。

元件位置的调整实际上就是利用各种命令将元件移动到图纸上指定的位置，并将元件旋转为指定的方向。

1. 元件的选取

要实现元件位置的调整，首先要选取元件。选取的方法很多，下面介绍几种常用的方法。

（1）用鼠标指针直接选取单个或多个元件

对于单个元件，将鼠标指针移到要选取的元件上，元件自动变色，单击鼠标选中它即可。选中的元件将高亮显示，表明该元件已经被选取，如图 3-14 所示。

对于多个元件，将鼠标指针移到要选取的元件上，单击鼠标即可，按住<Ctrl>键选择下一个元件，选中的多个元件将高亮显示，表明这些元件已经被选取，如图 3-15 所示。

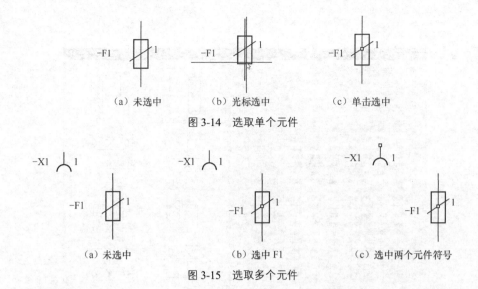

（a）未选中　　　　（b）光标选中　　　　（c）单击选中

图 3-14　选取单个元件

（a）未选中　　　　　（b）选中 F1　　　　（c）选中两个元件符号

图 3-15　选取多个元件

（2）利用矩形框选取

若要选取单个或多个元件，按住鼠标并拖动光标，拖出一个矩形框，矩形框框选元件，如图 3-16 所示，释放鼠标左键后即可选中单个或多个元件。选中的元件将高亮显示，表明该元件符号已经被选取，如图 3-17 所示。

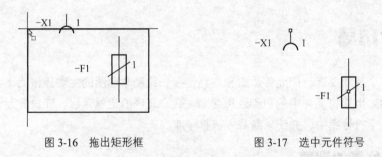

图 3-16　拖出矩形框　　　　　　　　图 3-17　选中元件符号

在图 3-17 中，只要元件的一部分或全部在矩形框内，则显示选中对象，对象显示与矩形框从上到下的框选方式无关，与从左到右的框选方式有关，根据框选起始方向不同，有 4 种选择情况。

- 从左下到右上框选：框选元件的部分超过一半才显示选中。
- 从左上到右下框选：框选元件的部分超过一半才显示选中。
- 从右下到左上框选：框选元件的任意部分即显示选中。
- 从右上到左下框选：框选元件的任意部分即显示选中。

（3）用菜单栏选取元件符号

选择菜单栏中的"编辑"→"选定"命令，系统弹出如图 3-18 所示的子菜单。

- 区域：在工作窗口选中的一个区域。具体操作方法：执行该命令，光标将变成十字形状出现在工作窗口中，在工作窗口上单击鼠标左键，确定区域的一个顶点，移动光标，确定另一个对角顶点后可以确定一个区域，此时系统选中该区域中的对象。
- 全部：选择当前图形窗口中的所有对象。
- 页：选定当前页，当前页窗口以灰色粗线框选，如图 3-19 所示。
- 相同类型的对象：选择当前图形窗口中相同类型的对象。

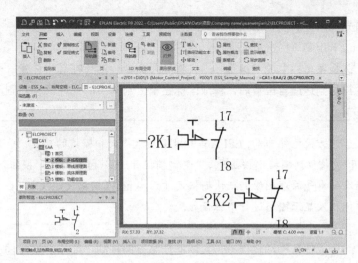

图 3-18　子菜单　　　　　　　　　　　图 3-19　选定页

2. 取消选取

取消选取也有多种方法，这里介绍两种常用的方法。

（1）直接用光标单击电路原理图的空白区域，即可取消选取。

（2）按住<Ctrl>键，使用光标单击某一已被选取的元件符号，即可取消选取。

3. 元件的移动

移动元件不单是指移动元件主体，还包括移动元件标识符或元件连接点符号；同样，如果需要调整元件标识符的位置，则先选择元件或元件标识符就可以改变其位置，图 3-20 所示为元件与元件标识符均改变的操作过程。

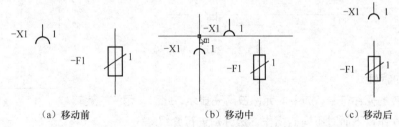

（a）移动前　　　　　　　　（b）移动中　　　　　　　　（c）移动后

图 3-20　移动元件与元件标识符

将左右排列的两个元件调整为上下排列的布局，可以节省图纸空间。

（1）在原理图的绘制过程中，最常用的方法是直接拖曳光标来实现元件符号的移动。

① 使用光标移动未选中的单个元件

将光标指向需要移动的元件（不需要选中），元件变色，按住鼠标左键不放，移动光标，元件会随之一起移动。到达合适的位置后，释放鼠标左键，元件即被移动到当前光标所在的位置。

② 使用光标移动已选中的单个元件

如果需要移动的元件已经处于选中状态，则将光标指向该元件，同时按住鼠标左键不放，拖动元件到指定位置后，释放鼠标左键，元件即被移动到当前光标所在的位置。

③ 使用光标移动多个元件

需要同时移动多个元件符号时，首先应将要移动的元件全部选中，然后在其中任意一个元件上按住鼠标左键并拖动元件，元件到达合适的位置后，释放鼠标左键，则所有选中的元件都移动到了当前光标所在的位置。

（2）用菜单栏选取元件

选择菜单栏中的"编辑"→"移动"命令，然后在其中任意一个元件上按住鼠标左键并拖动，元件符号到达适当位置后，释放鼠标左键，则选中的元件都移动到了当前光标所在的位置。

提示

> 为方便元件布局，EPLAN 中提供显示捕捉和栅格的功能，可通过"开/关对象捕捉"按钮 、"开/关捕捉到栅格"按钮 、"逻辑捕捉开/关"和"栅格"按钮 ，激活相关功能，IEC 标准的电气原理图绘制默认栅格尺寸为 4mm（栅格大小 C）。在"设置"对话框中可随时对工作栅格及显示栅格进行单独设置。

（3）元件在移动过程中，可以向任意方向移动，如果想要元件在同一水平线或同一垂直线上移动，则移动过程中需要确定方向，而且可以通过按<X>键或<Y>键来切换元件的移动模式。按<X>键，元件在水平方向上直线移动，且自动为元件周围添加菱形虚线框；按<Y>键，元件在垂直方向上直线移动，如图 3-21 所示。

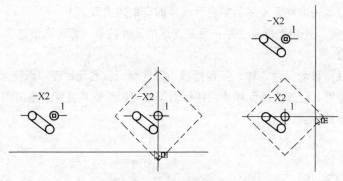

图 3-21　确定移动方向

4. 元件的旋转

选取要旋转的元件符号，选中的元件被高亮显示，此时，元件的旋转主要涉及 3 种操作，下面对不同的操作方法分别进行介绍。

（1）放置旋转

在"符号选择"导航器中选择元件或设备，向原理图中拖动，在原理图中显示如图 3-22 所示的元件，在放置元件符号前按<Tab>键，可 90°旋转元件或设备，如图 3-23 所示。

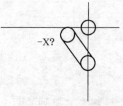

图 3-22　拖动元件符号

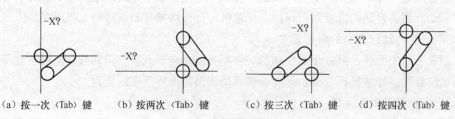

（a）按一次〈Tab〉键　（b）按两次〈Tab〉键　（c）按三次〈Tab〉键　（d）按四次〈Tab〉键

图 3-23　放置旋转元件

（2）菜单旋转

选中需要旋转的元件，选择菜单栏中的"编辑"→"旋转"命令，元件上显示操作提示，选择元件旋转的绕点（基准点），单击元件确定基准点；任意旋转被选中的元件，旋转至少 90°，将元件旋转适当角度后，此时原理图中同时显示旋转前与旋转后的元件，单击鼠标完成旋转操作，如图 3-24 所示。

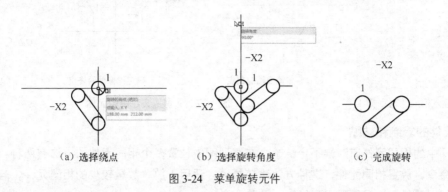

（a）选择绕点　　　　　（b）选择旋转角度　　　　　（c）完成旋转

图 3-24　菜单旋转元件

（3）功能键

选中需要旋转的元件，按<Ctrl+R>快捷组合键，即可实现旋转。单击元件，确定元件旋转的绕点；将元件旋转至合适的位置后单击绘图空白处即可取消选取元件，完成元件的旋转。

旋转单个元件与选择多个元件的方法相同，这里不再单独介绍。

5. 元件的镜像

选取要镜像的元件，选中的元件被高亮显示，下面根据不同的操作方法分别进行介绍。

选择菜单栏中的"编辑"→"镜像"命令，元件上显示操作提示，单击元件，选择元件镜像轴的起点，水平镜像或垂直镜像被选中的元件，元件在水平方向上镜像，即左右翻转；元件在垂直方向上镜像，即上下翻转。

（1）不保留源对象

首先选择元件镜像轴的起点，然后确定元件镜像轴的终点，此时原理图中同时显示镜像前与镜像后的元件，单击鼠标完成镜像操作，镜像元件如图 3-25 所示。

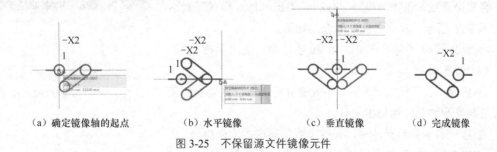

（a）确定镜像轴的起点　　　（b）水平镜像　　　（c）垂直镜像　　　（d）完成镜像

图 3-25　不保留源文件镜像元件

（2）保留源对象

首先选择元件镜像轴的起点，然后确定元件镜像轴的终点，此时原理图中同时显示镜像前与镜像后的元件，按<Ctrl>键，系统弹出如图 3-26 所示的"插入模式"对话框，用户在该对话框中设置镜像后元件的编号格式，完成镜像操作，镜像结果为两个元件，如图 3-27 所示。

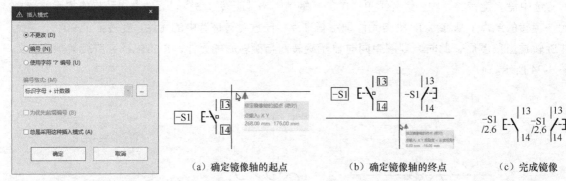

图 3-26 "插入模式"对话框 1

（a）确定镜像轴的起点　　　（b）确定镜像轴的终点　　　（c）完成镜像

图 3-27 保留源文件镜像元件

6. 元件的复制和粘贴

原理图中的相同元件有时候不止一个，在原理图中放置多个相同元件的方法有两种，重复利用放置元件命令，放置相同元件，这种方法比较烦琐，适用于放置数量较少的相同元件，若在原理图中有大量相同元件，这就需要用到复制、粘贴命令。

复制、粘贴的操作对象不止包括元件，还可以包括单元及相关电器符号，方法相同，这里不再赘述。

3.3.2 元件的多重复制

在原理图中，某些同类型元件可能有很多个，如端子、开关等，它们具有类似的属性。如果一个个地放置它们，设置它们的属性，工作量大而且烦琐。EPLAN Electric P8 2022 提供了高级复制功能，大大方便了复制操作。多重复制只在同一页内有效，跨页无效。具体操作步骤如下。

（1）复制或剪切某个对象。

（2）单击菜单栏中的"编辑"→"多重复制"命令，拖动元件，确定复制的元件的方向和与距离，单击鼠标确定第一个复制对象的位置后，系统将弹出如图 3-28 所示的"多重复制"对话框。

（3）在"多重复制"对话框中，可以对要复制的元件个数进行设置，在"数量"文本框中设置数量，即复制后的元件个数为"4（复制对象个数）+1（源对象个数）"。完成设置后，单击"确定"按钮，弹出"插入模式"对话框，如图 3-26 所示，其中各选项的介绍如下。

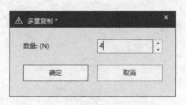

图 3-28 "多重复制"对话框

① 元件编号模式有"不更改""编号"和"使用字符'？'编号" 3 种选择。

● 不更改：表示复制元件时，不改变元件编号，且复制的元件编号与要复制的元件编号相同。

● 编号：表示复制元件时，元件按编号递增的方向排列。

● 使用字符"？"编号：表示复制元件编号字符"？"。

② "编号格式"选项组：用于设置阵列复制时元件标号的编号格式，默认格式为"标识字母+计数器"。

③ "为优先前缀编号"复选框：勾选该复选框，用于设置每次递增时，指定被复制元件为优先前缀编号。

④ "总是采用这种插入模式"复选框：勾选该复选框，表示复制元件时，采用此次插入模式的设置。

设置完毕后，单击"确定"按钮，阵列复制后的元件的效果如图 3-29 所示，后面再次复制对象的位置间隔以第一个复制对象的位置为依据。

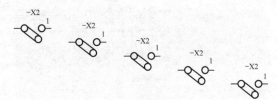

图 3-29　阵列复制后的元件

3.3.3　元件属性设置

在原理图上放置的所有元件都具有其特定属性，在放置好每一个元件或设备后，应该对它们的属性进行正确的编辑和设置，以免生成的报表有错误。

双击原理图中的元件或设备，在元件或设备上单击鼠标右键，系统弹出快捷菜单，选择"属性"命令或将元件或设备放置到原理图中后，自动弹出"属性（元件）：常规设备"对话框，如图 3-30 所示。

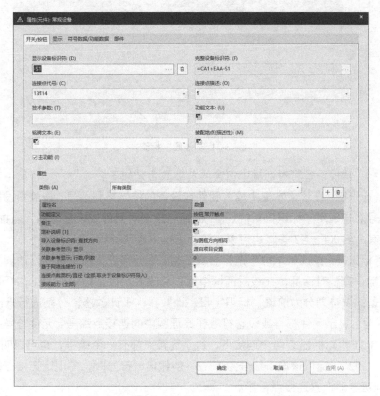

图 3-30　"属性（元件）：常规设备"对话框

"属性（元件）：常规设备"对话框包括 4 个选项卡，分别为插座（元件设备名称）、显示、符号数据/功能数据、部件。通过在该对话框中进行设置，赋予元件更多的属性信息和逻辑信息，各选项卡介绍如下。

1. 元件

在元件标签下显示与此元件相关的属性，不同的元件显示不同的名称，在图 3-31 中，可对"开关/按钮"元件进行属性设置。在图 3-32 中，对"插座"元件进行属性设置。

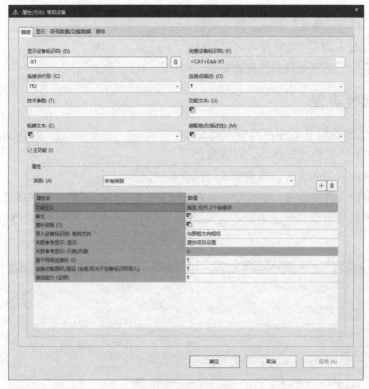

图 3-31 "插座"标签

"属性（元件）：常规设备"对话框中包含的各参数含义如下。

- 显示设备标识符：在该文本框中输入元件或设备的标识符和编号，按照预设的规则对元件或设备进行在线编号。若采用"标识符+计数器"的命名规则对元件或设备命名，当插入"插座"时，该文本框自动对其命名 X1、X2 等，也可以在该文本框中修改标识符。

- 完整设备标识符：在该文本框中进行层级结构、设备标识符和编号的修改。单击"…"按钮，弹出"完整设备标识符"对话框，在该对话框中通过修改显示设备标识符和结构标识符确定完整设备标识符，将设备标识符划分为前缀、标识字母、计数器、子计数器，分别进行修改。

- 连接点代号：显示元件符号或设备符号在原理图中的连接点编号，元件符号上能够被连接的点为连接点，图 3-31 中熔断器有两个连接点，每个连接点都有一个编号，也可以叫作连接点代号，图中默认显示为"1¶2"，标识该设备编号为 1、2。创建电气符号时，需规定连接点数量，若定义功能为"可变"，则可自动设置连接点数量。

- 连接点描述：显示元件符号或设备符号连接点编号间的间隔符，默认为"¶"。按下快捷组合键<Ctrl+Enter>可以输入字符"¶"。

- 技术参数：输入元件或设备的技术参数，可输入元件的额定电流等参数。

- 功能文本：输入元件或设备的功能描述文字，如熔断器功能为"防止电流过大"。

- 铭牌文本：输入元件符号或设备铭牌上的文字。

- 装配地点（描述性）：输入元件或设备的装配地点。

- 主功能：元件或设备常规的主要功能。常规功能包括主功能和辅助功能。在 EPLAN 中，主功能和辅助功能会形成关联参考，主功能还包括部件的选型。激活该复选框，显示"部件"选项卡；取消勾选"主功能"复选框，则"属性（元件）:常规设备"对话框中只显示辅助功能，隐藏"部件"选项卡，辅助功能不包含部件的选型，如图 3-33 所示。
- 属性：在"属性名-数值"列表中显示元件或设备的属性，单击 + 按钮，新建元件或设备的属性，单击"删除"按钮 🗑，删除元件或设备的属性。

图 3-32　不勾选"主功能"复选框

> **提示**
>
> 一个元件只能有一个主功能，一个主功能对应一个部件，若一个元件具有多个主功能，说明它包含多个部件。

2. 显示

"显示"标签用来定义元件符号或设备的属性，包括显示对象与显示样式，如图 3-33 所示。

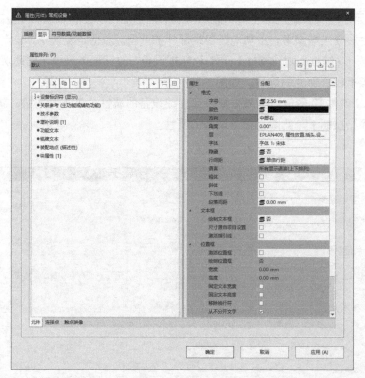

图 3-33 "显示"选项卡

在"属性排列"下拉列表中显示"默认"与"用户自定义"两种属性排列方法，默认定义的 8
种属性包括设备标识符（显示）、关联参考（主功能或辅助功能）、技术参数、增补说明、功能文本、
铭牌文本、装配地点（描述性）、块属性。在"属性排列"下拉列表中选择"用户自定义"，可对默
认属性进行新增或删除。同样，当对属性种类及排列进行修改时，属性排列自动变为"用户自定义"
模式。

在左侧属性列表上方显示工具按钮，可对属性进行新建、删除、上移、下移、固定及拆分等操作。

默认情况下，在原理图中，元件与功能文本是组合在一起进行移动、复制的，单击工具栏中的
"拆分"按钮，可在原理图中单独移动、复制功能文本。

"属性"和"分配"列表中显示的是属性的样式，包括格式、文本框、位置框等信息。

3. 符号数据/功能数据

添加了逻辑信息的符号在原理图中为元件符号，不再是无意义的符号。

一个符号通常具有 A~H 8 个变量（见图 3-34）和 1 个触点影像变量。所有符号变量具有相同
的属性，即相同的标识、相同的功能和相同的连接点编号，只有连接点图形不同。

图 3-35 中的开关符号的变量包括 1、2 的连接点，图（a）
中为开关变量 A，图（b）中为开关变量 B，图（c）中为开
关变量 C，图（d）中为开关变量 D，图（e）中为开关变量
E，图（f）中为开关变量 F，图（g）中为开关变量 G，图（h）
中为开关变量 H。以 A 变量为基准，将其逆时针旋转 90°
形成 B 变量；再以 B 变量为基准，将其逆时针旋转 90° 形
成 C 变量；再以 C 变量为基准，将其逆时针旋转 90° 形成
D 变量；而 D、E、F、H 变量分别是 A、B、C、D 变量的

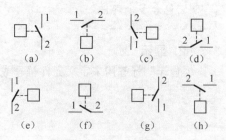

图 3-34 开关符号的变量

镜像显示结果。

符号的逻辑信息在"符号数据/功能数据"标签中显示，如图 3-35 所示。

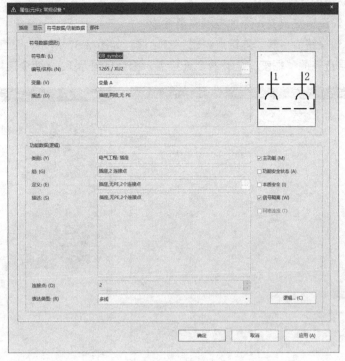

图 3-35　"符号数据/功能数据"选项卡

在该选项卡中可以进行逻辑信息的编辑设置。

（1）符号数据（图形）：在该选项中设置元件的图形信息。

* 符号库：显示该元件或设备所在的符号库名称。
* 编号/名称：显示该元件或设备的编号，单击 按钮，弹出"符号选择"对话框，返回选择符号库，可重新选择替代符号。
* 变量：每个元件或设备包括 8 个变量，在下拉列表中选择不同的变量，相当于旋转元件或设备，也可将元件或设备放置在原理图中后再进行旋转。
* 描述：描述元件或设备的型号。
* 缩略图：在右侧显示元件或设备的推行符号，并显示连接点与连接点编号。

（2）功能数据（逻辑）：在该选项中设置元件的图形信息。

* 类别：显示元件或设备所属的类别。
* 组：显示元件或设备所属类别下的组别。
* 定义：显示元件或设备的功能，显示电气逻辑。单击右侧 按钮，弹出如图 3-36 所示的"功能定义"对话框，选择该元件或设备对应的特性及连接点属性。
* 描述：描述简单的该元件或设备的名称及连接点信息。
* 连接点：显示该元件或设备的连接点个数。
* 表达类型：显示该元件或设备的表达类型，选择不同的表达类型，显示元件符号在图纸中的功能，一个功能可以在项目中以不同的表达类型使用，但每个表达类型仅允许出现一次。
* 主功能：激活该复选框，显示"部件"选项卡。

- 功能安全状态：勾选该复选框，符号数据和功能数据满足安全功能必需的性能等级。
- 本质安全：针对防爆项目应用的选项，勾选该复选框后，必须选择带有本质安全特性的电气元件，避免选择不防爆的元件。
- 信号隔离：勾选该复选框，添加电气隔离性能。
- 逻辑：单击该按钮，打开"连接点逻辑"对话框，如图 3-37 所示，可查看和定义元件连接点的连接类型。这里选择的"插座"只有两个连接点，因此只显示 1、2 两个连接点的信息。

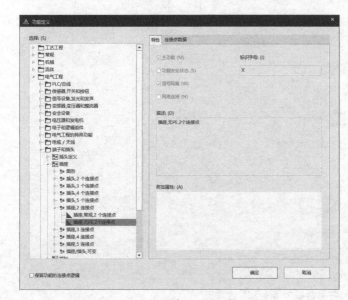

图 3-36 "功能定义"对话框   图 3-37 "连接点逻辑"对话框

4. 部件

"部件"选项卡用于为元件符号添加部件信息。完成选型的元件不再是元件符号，可以称之为设备，元件选型前部件显示为空，如图 3-38 所示。

图 3-38 "部件"选项卡

单击"部件编号"文本框内的"…"按钮，系统弹出如图 3-39 所示的"部件选择"对话框，选择需要的零部件或部件组，单击"确定"按钮，返回"部件"选项卡，显示添加的部件信息，如图 3-40 所示。

图 3-39 "部件选择"对话框

图 3-40 显示添加的部件信息

第4章

原理图的绘制

内容简介

在图纸上放置好电气设计所需要的各种元件或设备，并对它们的属性进行相应的设置后，根据电路设计的具体要求，我们就可以着手将各个元件/设备连接起来，以实现电路的实际连接。这里所说的连接，指的是具有电气意义的连接，即电气连接。

内容要点

- 元件的电气连接
- 使用绘图工具绘图

4.1 元件的电气连接

元件之间电气连接的主要方式是导线连接。导线是电路原理图中最重要也是用得最多的图元，它具有电气连接的意义，不同于一般的绘图工具，一般的绘图工具没有电气连接的意义。

4.1.1 自动连接

在绘制电路图的过程中，当元件或电位点在同一水平或垂直位置时，EPLAN 自动将它们两端连接起来，这种操作称为自动连接。

将光标移动到想要完成电气连接的元件上，选中元件，按住鼠标左键移动光标，将光标移动到需要连接的元件的水平或垂直位置，两元件间出现红色连接线符号，表示电气连接成功。最后松开鼠标左键，放置元件，完成两个元件之间的电气连接，如图 4-1 所示。

由于启用了捕捉到栅格的功能，因此，电气连接很容易完成。重复上述操作可以继续放置其他的元件符号，进行自动电气连接。

两元件间的自动连接线无法删除。直接移动元件使其与另一个元件连接，则自动取消源元件间自动连接的导线。

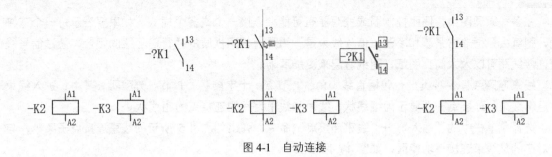

图 4-1　自动连接

4.1.2　智能连接

所谓智能连接就是在移动原理图上的元件时，保持自动连线不变，即保持原有的电气连接关系不改变。

选择菜单栏中的"选项"→"智能连接"命令，单击"编辑"选项卡"选项"面板中的"智能连接"按钮 ✍，激活智能连接。

单击鼠标选择原始图形（见图 4-2）中的元件，在原理图内移动元件，松开鼠标左键，连接线自动跟踪，如图 4-3 所示。

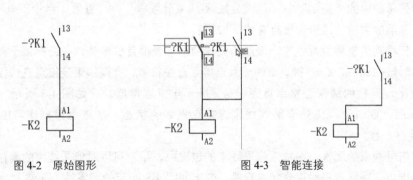

图 4-2　原始图形　　　　　　　　　图 4-3　智能连接

如果不再需要使用智能连接，则重新执行上面的操作，取消激活智能连接。单击鼠标选择元件，在原理图内移动元件，松开鼠标左键，则自动断开连接线，如图 4-4 所示。

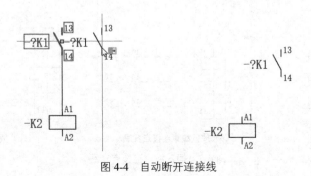

图 4-4　自动断开连接线

4.1.3　线束连接

在多线原理图中，伺服控制器或变频器有可能会连接一个或多个插头，如果要表示每一个连接线，图纸会显得非常紧凑和凌乱。信号线束是一组具有相同性质的并行信号线的组合，通过信号线束连接线路可以大大简化图纸，图纸看起来更加清晰。

线束连接点有 5 种类型，包括直线、角、T 节点、十字接头、T 节点分配器。其中，进入线束并退出线束的连接点一端显示为细线状，线束和线束之间的连接点为粗线状。

选择菜单栏中的"插入"→"线束连接点"命令，弹出如图 4-5 所示的线束连接点子菜单，与之对应的是线束连接点功能区，如图 4-6 所示。

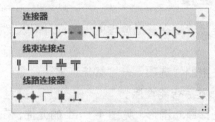

图 4-5　线束连接点子菜单　　　　　　图 4-6　线束连接点功能区

1. 直线

（1）选择菜单栏中的"插入"→"连接分线器/线束分线器"→"直线"命令，或单击"插入"选项卡"符号"面板中的"线束连接点直线"按钮╟。

（2）将光标移动到想要放置线束连接点的元件的水平或垂直位置处，在光标处于放置线束连接点直线的状态时按<Tab>或<Ctrl>键，旋转线束连接点直线符号，变换线束连接点直线模式。移动光标，电气图中出现红色的线束连接点直线符号，表示电气连接成功，如图 4-7 所示。单击插入线束连接点直线后，此时光标仍处于插入线束连接点直线的状态，重复上述操作可以继续插入其他的线束连接点直线。

（3）设置信号线束的属性。在插入信号线束的过程中，用户可以对信号线束的属性进行设置。在插入线束连接点直线后双击线束连接点直线，弹出如图 4-8 所示的"属性（元件）：线束连接点"对话框，在该对话框中可以对信号线束的属性进行设置，在"线束连接点代号"文本框中输入线束的编号。

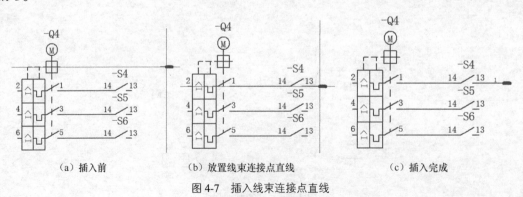

（a）插入前　　　　　　（b）放置线束连接点直线　　　　　　（c）插入完成

图 4-7　插入线束连接点直线

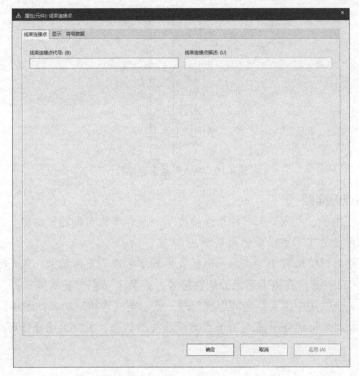

图 4-8 "属性（元件）：线束连接点"对话框

2. 插入角线束连接器

（1）选择菜单栏中的"插入"→"线束连接点"→"角"命令，此时光标变成十字形状并附加一个角线束连接器符号↵，如图 4-9 所示。

（2）在光标处于放置角线束连接器的状态时按<Tab>键，即可旋转角线束连接器符号。将光标移动到需要插入角线束连接器的元件的水平或垂直位置上，出现红色的连接符号表示电气连接成功。移动光标，在插入点处单击鼠标放置角线束连接器。

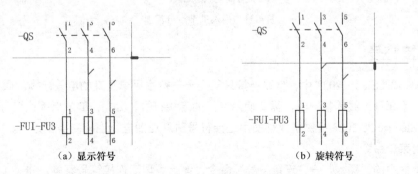

图 4-9 插入角线束连接器

（3）在电气图中单击鼠标确定插入角线束连接器。此时光标仍处于插入角线束连接器的状态，重复上述操作可以继续插入其他的角线束连接器，如图 4-10 所示。角线束连接器插入完毕，单击鼠标右键选择"取消操作"命令或按<Esc>键即可退出该操作步骤。

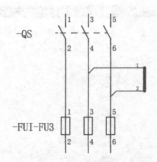

图 4-10　插入角线束连接器

3. 插入 T 节点分配器

（1）选择菜单栏中的"插入"→"线束连接点"→"T 节点分配器"命令，此时光标变成十字形状，光标上显示浮动的 T 节点分配器符号➤。

（2）将光标移动到想要放置 T 节点分配器的元件的水平或垂直位置上，在光标处于放置 T 节点分配器的状态时按<Tab>键，旋转 T 节点分配器符号，变换 T 节点分配器模式。

（3）移动光标，电气图中出现红色的连接符号，表示电气连接成功，如图 4-11 所示。单击插入 T 节点分配器后，此时光标仍处于插入 T 节点分配器线的状态，重复上述操作可以继续插入其他的 T 节点分配器。

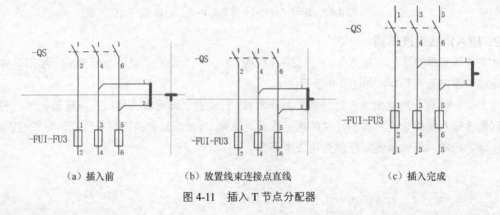

（a）插入前　　　　　　　（b）放置线束连接点直线　　　　　（c）插入完成

图 4-11　插入 T 节点分配器

4.1.4　连接符号

在 EPLAN Electric P8 2022 中，自动连接只能用于进行水平或垂直的电气连接，遇到需要拐弯、多元件连接、不允许连线等情况时，需要使用专门的连接符号，如角、T 节点等连接符号。

EPLAN Electric P8 2022 提供了 3 种使用连接符号对原理图进行连接的操作方法。

（1）使用菜单命令

选择菜单栏中的"插入"→"连接符号"命令，弹出原理图连接符号菜单，如图 4-12 所示，其中常用"角""T 节点""跳线"与"中断点"等命令。

（2）使用"符号"功能区

在"插入"→"连接符号"子菜单中的各项命令分别与功能区"插入"选项卡"符号"面板中的按钮一一对应，如图 4-13 所示，直接单击相应按钮，即可完成相同的操作。

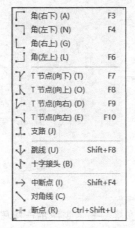

图 4-12 "连接符号"子菜单

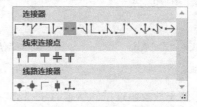

图 4-13 "符号"面板

（3）使用快捷键

上述各项命令都有相应的快捷键。例如，设置"角（右下）"命令的快捷键为<F3>，设置"T 节点（向下）"的快捷键为<F7>，使用快捷键可以大大提高操作效率。

下面介绍不同功能连接符号的使用方法。

1. 导线的角连接模式

（1）如果要连接的两个管脚不在同一水平线或同一垂直线上，则在放置导线的过程中需要使用角连接确定导线的角连接模式，包括 4 个方向，分别为右下角、左下角、右上角、左上角，如图 4-14 所示。

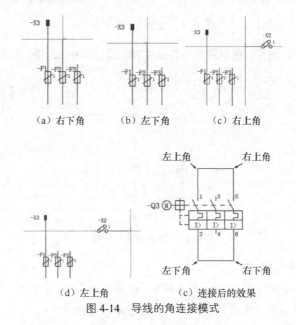

图 4-14 导线的角连接模式

（2）选择菜单栏中的"插入"→"连接符号"→"角（右下）"命令，或单击功能区"插入"选项卡"符号"面板中的"右下角"按钮 ，此时光标变成十字形状并附加一个角符号。

将光标移动到想要完成电气连接的元件的水平或垂直位置上，出现红色的连接符号，表示电气连接成功。移动光标，确定导线的终点，完成两个设备之间的电气连接，如图 4-15 所示。此时光标仍处于放置角连接的状态，重复上述操作可以继续放置其他的导线。导线放置完毕，单击鼠标右键选择"取消操作"命令或按<Esc>键即可退出该操作步骤。

其他方向的角连接设置步骤同上，这里不再赘述。

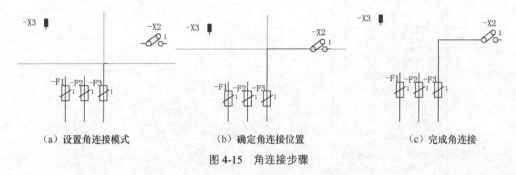

(a) 设置角连接模式   (b) 确定角连接位置   (c) 完成角连接

图 4-15 角连接步骤

（3）在光标处于放置角连接的状态时按<Tab>键，旋转角连接符号，变换角连接模式，如图 4-16 所示。

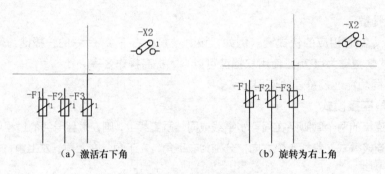

(a) 激活右下角   (b) 旋转为右上角

图 4-16 变换角连接模式

（4）角连接的导线可以删除，在导线拐角处选中角，按住<Delete>键，即可删除，如图 4-17 所示。

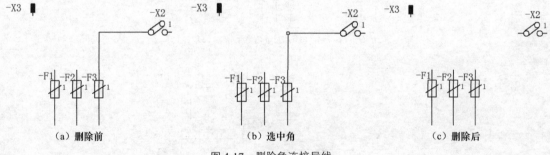

(a) 删除前   (b) 选中角   (c) 删除后

图 4-17 删除角连接导线

2. 导线的 T 节点连接模式

（1）T 节点是电气图中对连接进行分支的符号，是多个设备连接的逻辑标识，它还可以显示设备的连接顺序，包括 4 个方向（向右、向左、向下、向上）的 "T 节点" 命令，T 节点连接模式如图 4-18 所示。

（2）双击 T 节点即可打开 T 节点的属性编辑面板，如图 4-19所示。该对话框显示 T 节点的 4 个方向及不同方向的目标连线顺序，勾选 "作为点描绘" 复选框，T 节点显示为 "点" 模式，取如图 4-20 所示。

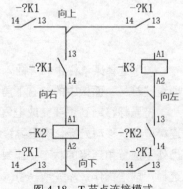

图 4-18 T 节点连接模式

图 4-19　T 节点属性编辑面板

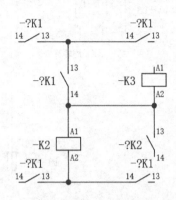

图 4-20　T 节点"点"模式

4.1.5　连接分线器

在 EPLAN Electric P8 2022 中，默认情况下，导线的 T 型交叉点或十字交叉点无法自动电气连接导通，如果有需求，就需要用户手动插入连接分线器。

选择菜单栏中的"插入"→"连接分线器/线束分线器"命令，系统弹出如图 4-21 所示的连接分线器子菜单，与之对应的是"线路连接器"工具栏，如图 4-22 所示。

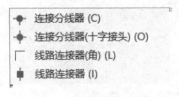

图 4-21　连接分线器子菜单

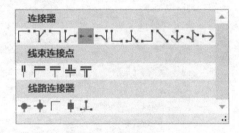

图 4-22　线路连接器工具栏

选择菜单栏中的"插入"→"连接分线器/线束分线器"→"连接分线器（C）"或单击"插入"选项卡"符号"面板中的"连接分线器（C）"按钮 ，此时光标变成十字形状并附加一个连接分线器符号 。

在光标处于放置连接分线器的状态时按<Tab>键，旋转连接分线器连接符号，变换连接分线器连接模式。将光标移动到需要插入连接分线器的元件水平或垂直位置上，出现红色的连接符号，表示电气连接成功，如图 4-23 所示。移动光标，在插入点单击鼠标放置连接分线器。

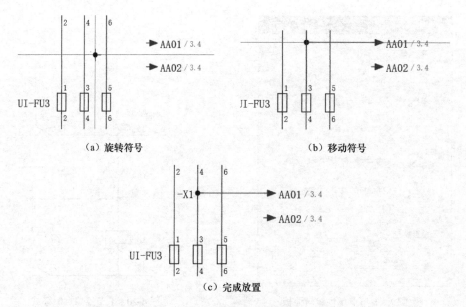

（a）旋转符号　　　　　　　　　　　　（b）移动符号

（c）完成放置

图 4-23　插入连接分线器

弹出如图 4-24 所示的"属性（元件）：常规设备"对话框，在"显示设备标识符"文本框中输入连接分线器的编号"−X1"，单击"确定"按钮，关闭对话框。

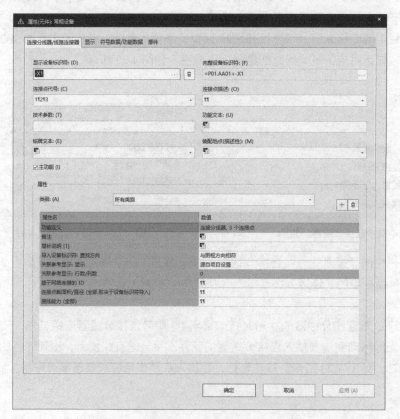

图 4-24　"属性（元件）：常规设备"对话框

此时光标仍处于插入连接分线器的状态，单击鼠标右键选择"取消操作"命令或按<Esc>键即可退出该操作步骤。

4.1.6 电缆连接

电缆是高度分散的设备，电缆由电缆定义线、屏蔽和芯线组成，它们具有相同的设备名称 DT。

在 EPLAN Electric P8 2022 中，通过"电缆定义"命令插入电缆，也可通过"屏蔽"命令屏蔽电缆，用户在生成的电缆总览表中可以看到该电缆对应的各个线号。

1. 电缆定义

选择菜单栏中的"插入"→"电缆定义"命令，或单击"插入"选项卡的"电缆/导线"面板中的"电缆"按钮Ⅲ，此时光标变成十字形状并附加一个电缆符号Ⅲ。

将光标移动到需要插入电缆的位置上，单击鼠标确定电缆第一点，移动光标，选择电缆的第二点，在电气图中再次单击鼠标完成电缆插入，如图 4-25 所示。

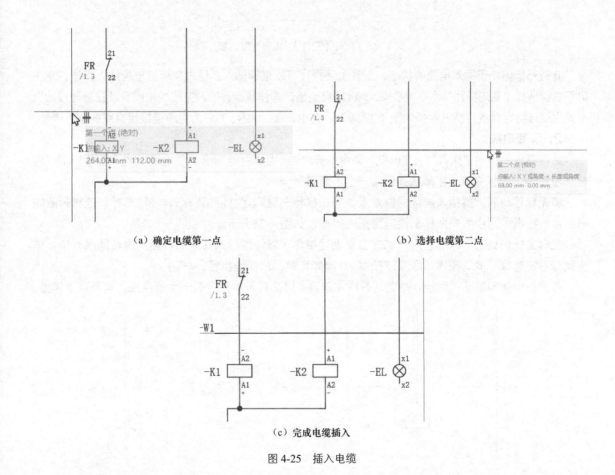

（a）确定电缆第一点   （b）选择电缆第二点

（c）完成电缆插入

图 4-25   插入电缆

此时，系统自动弹出"属性（元件）：电缆"对话框，如图 4-26 所示，在"显示设备标识符"文本框中输入电缆的编号，默认为"－W1"。单击"确定"按钮，关闭对话框。

图 4-26 "属性（元件）：电缆"对话框

此时光标仍处于插入电缆的状态，重复上述操作可以继续插入其他的电缆。电缆插入完毕，单击鼠标右键选择"取消操作"命令或按<Esc>键即可退出该操作步骤，插入完成的电缆自动在与导线的交点处生成连接定义点，插入结果如图 4-27 所示。其中，BK、BN、GY 为电缆连接定义点的颜色代号。

2. 屏蔽电缆

选择菜单栏中的"插入"→"屏蔽"命令，或单击"插入"选项卡的"电缆/导线"面板中的"屏蔽"按钮 中，光标变成十字形状并附加一个屏蔽符号 中。

将光标移动到需要插入屏蔽的位置上，单击鼠标左键确定屏蔽第一点，移动光标，选择屏蔽的第二点，在电气图中单击鼠标左键确定插入屏蔽，如图 4-28 所示。

此时光标仍处于插入屏蔽的状态，重复上述操作可以继续插入其他的屏蔽。屏蔽插入完毕，单击鼠标右键选择"取消操作"命令或按<Esc>键即可退出该操作步骤。

在图纸中绘制屏蔽的时候，需要从右往左放置，屏蔽符号本身带有一个连接点，具有连接属性。

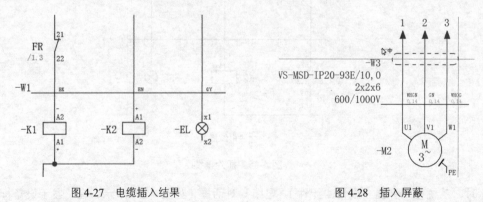

图 4-27 电缆插入结果   图 4-28 插入屏蔽

4.1.7 电位连接点

电位连接点用于定义电位，可以为其设定电位类型（L、N、PE、+、−等），这样是为了在图纸中分清不同的电位。

插入电位连接点步骤如下。

（1）选择菜单栏中的"插入"→"连接符号"→"电位连接点"命令，或单击"插入"选项卡"电缆/导线"面板中的"电位连接点"按钮╬，此时光标变成十字形状并附加一个电位连接点符号╬。

将光标移动到需要插入电位连接点的元件水平或垂直位置上，在光标处于放置电位连接点的状态时按<Tab>键，旋转电位连接点连接符号，变换电位连接点连接模式，电位连接点与元件自动连接，单击鼠标插入电位连接点，如图 4-29 所示。

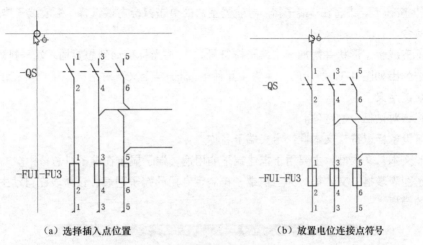

（a）选择插入点位置　　　　　　　　　　　　（b）放置电位连接点符号

图 4-29　插入电位连接点

（2）弹出"属性（元件）：电位连接点"对话框，用户可以在该对话框中对电位连接点的属性进行设置，如图 4-30 所示。

（3）在"电位名称"文本框中输入电位名称 L1，电位连接点名称可以是信号的名称，也可以用户自定义。在"颜色/编号"右侧单击"…"按钮，弹出"连接颜色"对话框，选择黄色对应的编号 YE。

（4）完成设置后，单击"确定"按钮，关闭对话框。此时光标仍处于插入电位连接点的状态，重复上述操作可以继续插入其他的电位连接点。

图 4-30　"属性（元件）：电位连接点"对话框

电位连接点插入完毕，单击鼠标右键选择"取消操作"命令或按<Esc>键即可退出该操作步骤。

4.1.8 端子排

在 EPLAN Electric P8 2022 中，每个端子排由 1 个端子排定义与端子组成。系统通过端子排定义管理端子排，端子排定义识别端子排并显示排的全部重要数据及排部件。

选择菜单栏中的"插入"→"分散式端子"命令，或者单击"插入"选项卡"端子"面板中的"分散式端子"按钮，或者在"端子排"导航器空白处单击鼠标右键选择"生成端子排定义"命令，激活端子排命令。

此时光标变成十字形状并附加一个端子排符号 ⊏，将光标移动到想要插入端子排的端子上，单击鼠标，系统弹出如图 4-31 所示的"属性（元件）：端子排定义"对话框，用户可在该对话框内设置端子排的功能定义。

下面介绍该对话框中的选项。

- "显示设备标识符"文本框：定义端子名称。
- "功能文本"文本框：主要用于描述端子的用途，端子显示在端子排总览中。
- "端子图表表格"文本框：为当前端子排制定专用的端子图表，该报表在自动生成时不适用报表设置中的模板。

图 4-31　"属性（元件）：端子排定义"对话框

选择菜单栏中的"项目数据"→"端子排"→"导航器"命令，或单击"设备"选项卡的"端子"面板中的"导航器"按钮，打开"端子排"导航器，如图 4-32 所示，在端子排导航器里，每个端子排下会增加一个端子排定义，在这里面可选择其主功能并为其添加部件，使用时直接拖动创建的端子排到电气图中即可。

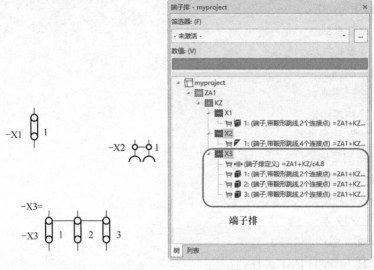

图 4-32　"端子排"导航器

4.2 使用绘图工具绘图

在原理图编辑环境中，功能区"插入"选项卡下与"符号"面板相对应的，还有一个"图形"
"文本"面板，它们用于在原理图中绘制各种标注信息，使电路原理图更清晰，数据更完整，可读性
更强。

4.2.1 绘图工具

"插入"功能区"图形"面板中的按钮与"插入"菜单下"图形"命令子菜单中的各项命令具有
对应关系，均是图形绘制工具，如图 4-33 所示。

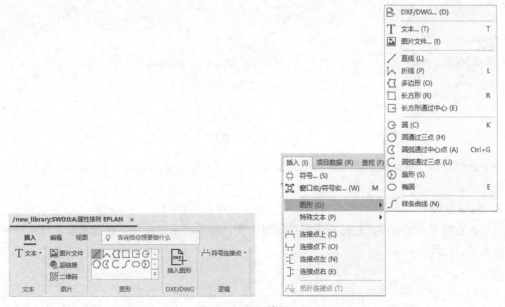

图 4-33　图形绘制工具

其中各按钮的功能如下。

- ▨：用于绘制直线。
- ⋀：用于绘制折线。
- ⟳：用于绘制圆。
- ⟨：用于绘制圆弧。
- ◁：用于绘制多边形。
- ∫：用于绘制样条曲线。
- ▢：用于绘制矩形。
- ◯：用于绘制椭圆。
- ◷：用于绘制扇形。
- T：用于插入文本
- ▨：用于插入图片。
- ▤：用于插入 DWG/DXF 文件。

4.2.2 绘制直线

在原理图中，可以用直线来绘制一些注释性的图形，如表格、箭头、虚线等，或在编辑元件时绘制元件的外形。直线在功能上完全不同于前面介绍的连接线，它不具有电气连接特性，不会影响电路的电气连接结构。

1. 绘制直线

（1）选择菜单栏中的"插入"→"图形"→"直线"命令，或单击"插入"选项卡"图形"面板中的"其他"按钮 ▾，在弹出的"直线"栏中选择"直线"按钮▨，这时光标变成十字形状并附带直线符号✓。

（2）将光标移动到需要放置直线的位置，随着光标移动，坐标信息变化。单击鼠标确定直线的起点，再次单击鼠标确定终点，一条直线绘制完毕，如图 4-34 所示。

图 4-34 绘制直线

（3）此时光标仍处于绘制直线的状态，重复步骤（2）即可绘制其他的直线，按<Esc>键便可退出此操作步骤。

2. 编辑直线

（1）在直线绘制过程中，打开提示框绘制更方便，激活提示框命令，在提示框中可直接输入下一点的坐标，如图 4-35 所示。

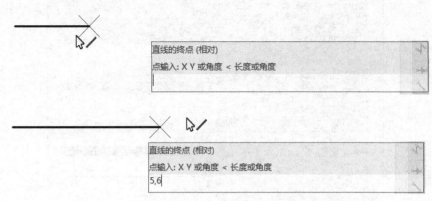

图 4-35 在提示框中输入坐标

提示

利用其他工具进行图形绘制时，同样可使用提示框，提高绘图精度与绘图效率。

（2）绘制图形的垂线或切线。在直线绘制过程中，单击鼠标右键，弹出快捷菜单，如图 4-36 所示。

- 绘制垂线：激活直线命令，光标变成十字形状并附带直线符号 ✓，单击鼠标右键，选择"垂线"命令，光标附带垂线符号 ✗，选中垂足，单击鼠标放置垂线，如图 4-37 所示。
- 绘制切线：激活直线命令，光标变成十字形状并附带直线符号 ✓，单击鼠标右键，选择"切线的"命令，光标附带切线符号 ◔，选中切点，单击鼠标放置切线，如图 4-38 所示。

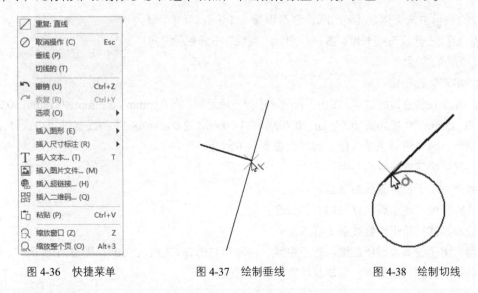

图 4-36 快捷菜单   图 4-37 绘制垂线   图 4-38 绘制切线

3. 设置直线属性

双击直线，系统将弹出相应的直线属性设置对话框，如图 4-39 所示。

图 4-39 直线属性设置对话框

在该对话框中可以对坐标、线宽、颜色和线型等属性进行设置。

（1）"直线"选项组

在该选项组下输入直线的起点、终点坐标。在"起点"选项下勾选"箭头显示"复选框，则直线的起点处会显示箭头，如图 4-40 所示。

直线的表示方法可以是（X, Y），也可以是（$A<L$），其中，A 代表直线角度，L 代表直线长度，直线的显示"属性"下还包括"角度"与"长度"选项。

图 4-40 直线的起点处显示箭头

（2）"格式"选项组

线宽：用于设置直线的线宽。在该下拉列表中显示固定值，有 0.05mm、0.13mm、0.18mm、0.20mm、0.25mm、0.35mm、0.40mm、0.50mm、0.70mm、1.00mm、2.00mm 这 11 种线宽供用户选择。

- 颜色：单击该颜色显示框，可以设置直线的颜色。
- 隐藏：决定直线隐藏与否。
- 线型：用于设置直线的线型。
- 式样长度：用于设置直线的式样长度。
- 线端样式：用于设置线端的样式。
- 层：用于设置直线所在层。对于中线，推荐用户选择"EPLAN105，图形.中线层："。
- 悬垂：勾选该复选框，自动从线宽中计算悬垂。

4.2.3 文本工具

文本注释是图形中很重要的一部分内容，用户在进行各种设计时，通常不仅要绘出图形，还要在图形中标注一些文字，如技术要求、注释说明等，对图形对象加以解释。

1. 插入文本

（1）选择菜单栏中的"插入"→"图形"→"文本"命令，系统弹出"属性（文本）"对话框，如图 4-41 所示。

图 4-41　"属性（文本）"对话框

完成设置后，关闭对话框。

（2）光标变成十字形状并附带文本符号**T**，将光标移动到需要放置文本的位置，单击鼠标完成当前文本放置。

（3）此时光标仍处于绘制文本的状态，重复步骤（2）即可绘制其他的文本，单击鼠标右键选择"取消操作"命令或按<Esc>键，便可退出操作步骤。

2. 文本属性设置

双击文本，系统将弹出相应的文本属性编辑对话框，即"属性（文本）"对话框，如图 4-41 所示。该对话框包括两个选项卡。

（1）"文本"选项卡

- 文本：用于输入文本内容。
- 路径功能文本：勾选该复选框，插入路径功能文本。
- 不自动翻译：勾选该复选框，不自动翻译输入的文本内容。

（2）"格式"选项卡

所有原理图图形中的文字都有与其相对应的文本格式。当输入文字对象时，系统使用当前设置的文本格式。文本格式是用来控制文字基本形状的一组设置。下面介绍如图 4-42 所示的"格式"选项卡中的选项。

图 4-42 "格式"选项卡

- "字号"下拉列表框：用于确定文本的字符高度，可在文本编辑器中输入新的字符高度，也可在此下拉列表框中选择已设定过的高度值。
- 颜色：用于确定文本的颜色。
- 方向：用于确定文本的方向。
- 角度：用于确定文本的角度。
- 层：用于确定文本的层。
- 字体：用于确定字体，可以给一种字体设置不同的效果，下拉列表中显示同一种字体（宋体）的不同样式。
- 隐藏：用于控制文本是否显示 。
- 行间距：用于确定文本的行间距。这里所说的行间距是指相邻两文本行基线之间的垂直距离。
- 语言：用于确定文本的语言。
- 粗体：用于设置加粗效果。
- 斜体：用于设置斜体效果。
- 下划线：用于设置或取消文字的下划线。
- "应用"按钮：确认对文字格式的设置。当对现有文字格式的某些特征进行修改后，都需要单击此按钮，系统才会确认所做的改动。

4.2.4 放置图片

在电路原理图的设计过程中，有时需要添加一些图片文件，如元件的外观、厂家标志等。

1. 放置图片

选择菜单栏中的"插入"→"图形"→"图片文件"命令，系统弹出"选取图片文件 "对话框，如图 4-43 所示。

选取图片后，单击"打开"按钮，系统弹出"复制图片文件"对话框，如图 4-44 所示，单击"确定"按钮。

图 4-43 "选取图片文件"对话框

光标变成十字形状并附带图片符号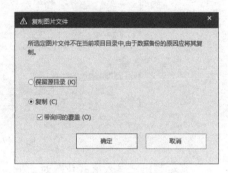，并附有一个矩形框。将光标移动到指定位置，单击鼠标，确定矩形框的位置，移动光标可改变矩形框的大小，在合适位置再次单击鼠标确定另一顶点，如图 4-45 所示，同时弹出"属性（图片文件）"对话框，如图 4-46 所示。完成属性设置后，单击"确定"即可将图片添加到原理图中。

图 4-44 "复制图片文件"对话框

2. 设置图片属性

在放置状态下或放置完成后，双击需要设置属性的图片，系统弹出"属性（图片文件）"对话框。

- 文件：显示图片文件路径。
- 显示尺寸：显示图片文件的宽度与高度。
- 原始尺寸的百分比：设置原始图片文件的宽度与高度比例。
- 保持纵横比：勾选该复选框，保持缩放后原始图片文件的宽度与高度比例。

图 4-45 确定位置　　　图 4-46 "属性（图片文件）"对话框

4.2.5 放置 DWG/DXF 文件

在 EPLAN Electric P8 2022 中，包含一些 DXF 格式的标准安装板模块，在电路图设计过程中可以直接将其导入文件使用。选择菜单栏中的"插入"→"图形"→"DXF/DWG"命令，系统弹出"DXF/DWG 文件选择"对话框，如图 4-47 所示。选择 DXF 文件后，单击"打开"按钮，系统弹出"DXF-/DWG 导入"对话框，如图 4-48 所示，单击"确定"按钮。

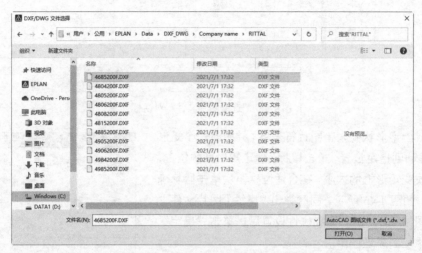

图 4-47 "DXF/DWG 文件选择"对话框

系统弹出"导入格式化"对话框，如图 4-49 所示，根据该对话框中的参数设置导入 DXF 文件，一般选择默认设置，单击"确定"按钮。

光标变成十字形状并附带文件符号，将光标移动到指定位置，单击鼠标，确定放置位置，如图 4-50 所示。

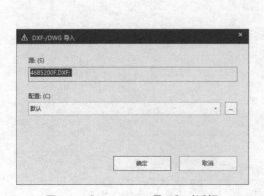

图 4-48 "DXF-/DWG 导入"对话框

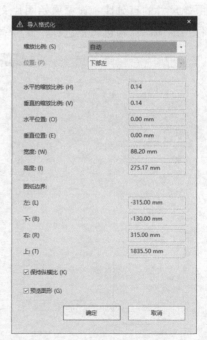

图 4-49 "导入格式化"对话框

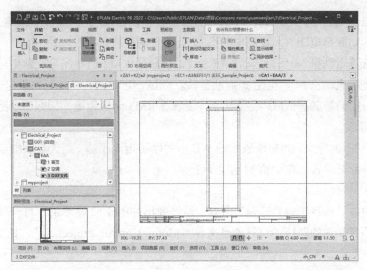

图 4-50　放置 DXF 文件

4.3　操作实例——并励直流电动机串电阻正、反转启动控制电路

在生产应用中，常常要求直流电动机既能正转又能反转。例如，直流电动机拖动龙门刨床的工作台进行往复运动或矿井卷扬机进行上下运动等。

使直流电动机反转有两种方法，一是电枢反接法，即改变电枢电流方向，保持励磁电流方向不变；二是励磁绕组反接法，即改变励磁电流方向，保持电枢电流方向不变。在实际应用中，并励直流电动机的反转常采用电枢反接法来实现。并励直流电动机串电阻正、反转启动控制电路原理如图 4-51 所示。

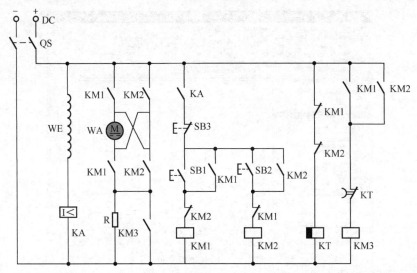

图 4-51　并励直流电动机串电阻正、反转启动控制电路原理图

并励直流电动机串电阻正、反转启动控制电路具体工作过程如下。

合上电源总开关 QS 时，欠电流继电器 KA 通电闭合，断电延时继电器 KT 通电，其常闭触点断开。按下直流电动机正转启动按钮 SB1，接触器 KM1 线圈得电，其常开触点闭合，常闭触点断开，KT 断电开始计时，直流电动机 M 串电阻 R 启动运转。

断电延时继电器 KT 计时时间到, 其常闭触点闭合, 接通接触器 KM3 线圈电源, 接触器 KM3 的常开触点闭合, 切除串电阻 R, 直流电动机 M 全压全速正转运行。

同理, 按下直流电动机 M 反转启动按钮 SB2, 接触器 KM2 通电闭合, 断电延时继电器 KT 断电, 开始计时, 直流电动机 M 串电阻 R 启动运转。经过一定时间, 断电延时继电器 KT 瞬时断开, 其常闭触点闭合, 接通接触器 KM3 线圈电源, 接触器 KM3 闭合通电, 切除串电阻 R, 直流电动机 M 全压全速反转运行。

在直流电动机 M 运行中, 如果励磁线圈 WE 中的励磁电流不够, 则欠电流继电器 KA 将欠电流释放, 其常开触点断开, 直流电动机 M 停止运行。

1. 打开项目

选择菜单栏中的"项目"→"打开"命令, 系统弹出如图 4-52 所示的"打开项目"对话框, 在该对话框中选择项目文件的路径, 打开项目文件"Motor_Control_Project.elk", 如图 4-53 所示。

图 4-52 "打开项目"对话框

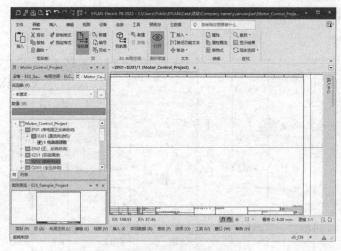

图 4-53 打开项目文件

在"页"导航器中选择"=ZF01+DJ01/1"原理图页, 双击进入原理图编辑环境。

2. 插入元件

(1) 插入直流电动机元件

选择菜单栏中的"插入"→"符号"命令, 系统弹出如图 4-54 所示的"符号选择"对话框, 选择直流电动机元件"M2G_1"。

单击"确定"按钮，在光标上显示浮动的元件符号，单击鼠标放置元件，系统自动弹出"属性（元件）：常规设备"对话框，如图 4-55 所示，默认设备标识符为"–M1"，将其修改为"–WA"，单击"确定"按钮，关闭对话框，在原理图中插入电机元件，如图 4-56 所示。单击鼠标右键选择"取消操作"命令或按<Esc>键即可退出该操作。

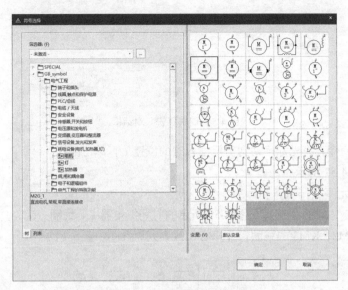

图 4-54 "符号选择"对话框

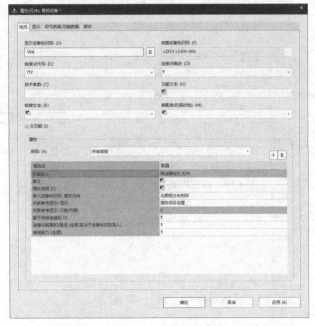

图 4-55 "属性（元件）：常规设备"对话框　　　图 4-56 插入直流电动机元件

（2）插入电流继电器

选择菜单栏中的"插入"→"窗口宏/符号宏"命令，系统将弹出如图 4-57 所示的"选择宏"对话框，在之前的保存目录下选择创建的电流继电器 KA 线圈宏文件。

图 4-57　"选择宏"对话框

　　单击"打开"命令，将光标移动到需要插入宏的位置上，单击鼠标，确定插入宏，如图 4-58 所示。

　　（3）插入其他元件

　　在"选择符号"对话框中选择如图 4-59 所示的时间继电器 KT 线圈与接触器 KM1、KM2、KM3 的线圈，并将它们放置到原理图中。

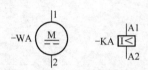

图 4-58　插入宏

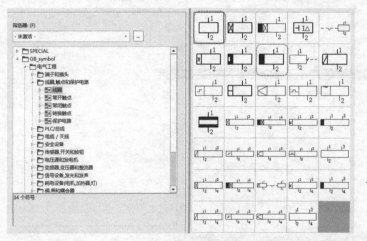

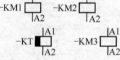

图 4-59　放置线圈

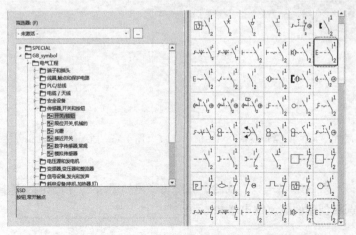

图 4-60　放置按钮

在"选择符号"对话框中继续选择如图 4-60 所示的启动按钮 SB1、SB2 和停止按钮 SB3，并将它们放置到原理图中。

在"选择符号"对话框中选择如图 4-61 所示的断电延时继电器 KT 的常闭触点、电流继电器 KA 常开触点，以及接触器 KM1、KM2、KM3 的常闭触点和常开触点，并将它们放置到原理图中。

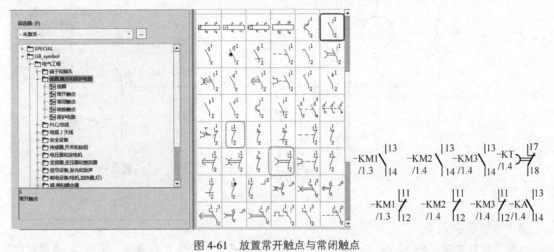

图 4-61　放置常开触点与常闭触点

在"选择符号"对话框中选择串电阻 R、电源总开关 QS、励磁线圈 WE，并将其放置到原理图中，结果如图 4-62 所示。

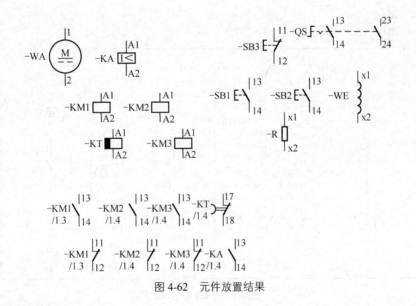

图 4-62　元件放置结果

3. 元件布局布线

使用光标拖动元件，按<Ctrl+R>快捷组合键旋转元件，进行元件布局，在同一条水平线或垂直线上的元件被激活，它们自动连接，元件初步布线如图 4-63 所示。

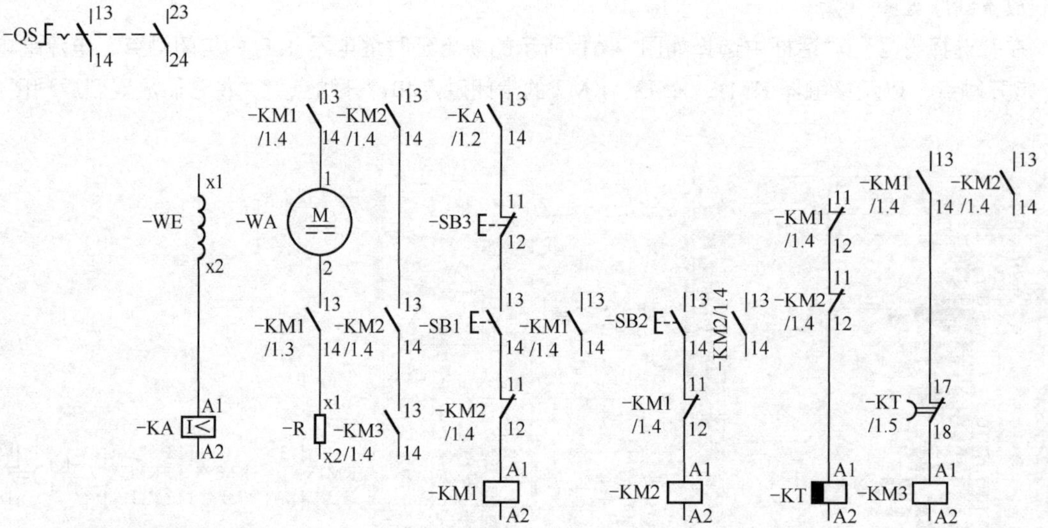

图 4-63　元件初步布线

（1）添加连接节点

选择菜单栏中的"插入"→"连接符号"→"角（右下）"命令，放置角（右下），放置过程中按<Tab>键，旋转不同方位的角节点，放置完毕，按鼠标右键选择"取消操作"命令或按<Esc>键即可退出该操作。结果如图 4-64 所示。

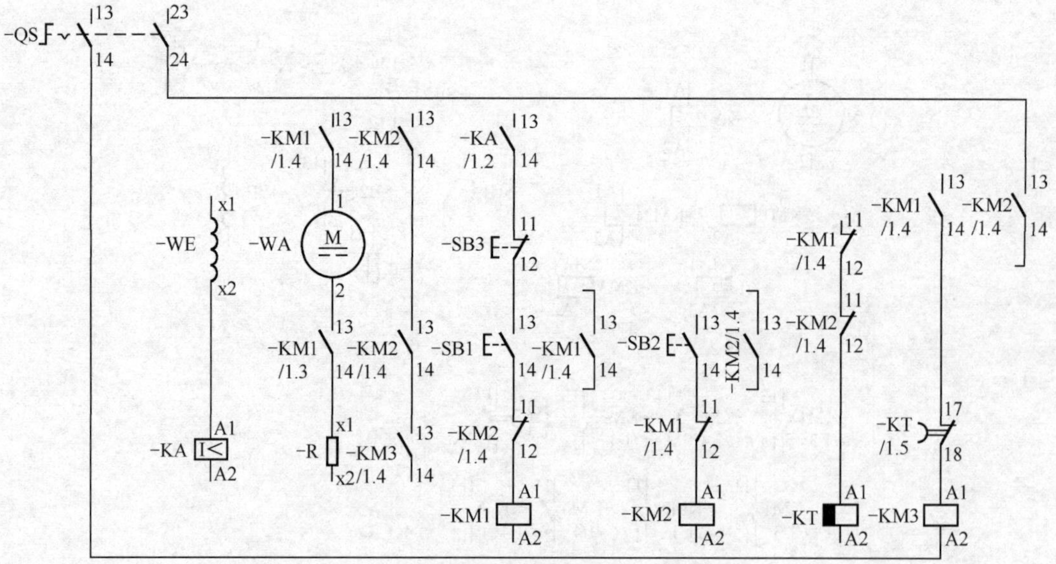

图 4-64　角连接结果

选择菜单栏中的"插入"→"连接符号"→"T 节点（向下）"命令，放置 T 节点（向下），放置过程中按<Tab>键，旋转不同方位的 T 节点，也可以根据需要切换命令，选择不同方向的 T 节点。放置完毕，按鼠标右键选择"取消操作"命令或按<Esc>键即可退出该操作。结果如图 4-65所示。

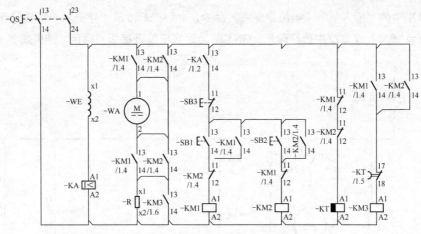

图 4-65　放置 T 节点

选择菜单栏中的"插入"→"连接符号"→"对角线"命令，此时光标变成十字形状，单击鼠标，插入对角线，结果如图 4-66 所示。

选择菜单栏中的"插入"→"连接符号"→"断点"命令，此时光标变成十字形状，单击鼠标，插入断点，断开不必要的自动连接线，结果如图 4-67 所示。

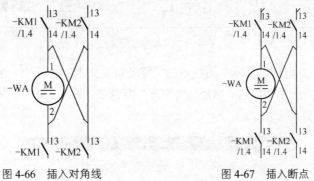

图 4-66　插入对角线　　　　　　　　　图 4-67　插入断点

选择菜单栏中的"插入"→"电位连接点"命令，此时光标变成十字形状，单击鼠标，插入电位连接点，在"电位名称"文本框中输入电位名称"+""−"，结果如图 4-68 所示。

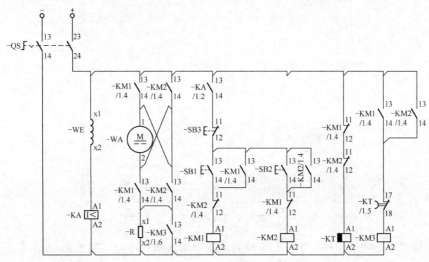

图 4-68　插入电位连接点

选择菜单栏中的"插入"→"电位定义点"命令，此时光标变成十字形状，单击鼠标插入电位连接点，在"颜色/编号"文本框中选择颜色"GNYE"，定义电位连接线的颜色，结果如图 4-69 所示。

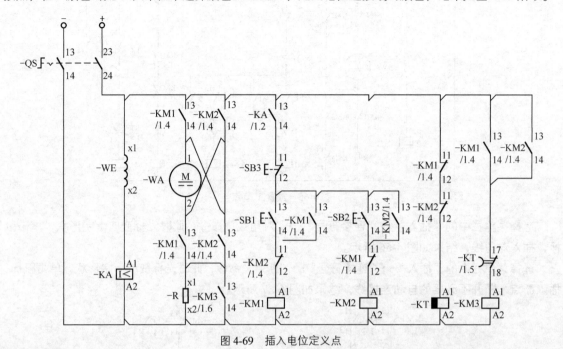

图 4-69　插入电位定义点

（2）单击"插入"功能区"文本"面板中的"路径功能文本"按钮 |T|，系统弹出"属性（路径功能文本）"对话框，系统默认勾选"路径功能文本"复选框，在"文本"文本框中输入"DC"，如图 4-70 所示。

图 4-70　"属性（路径功能文本）"对话框

打开"格式"选项卡，在"字号"下拉列表框中输入新的字符高度 5.00mm，在"颜色"下拉列表框中选择文本的颜色（红色），如图 4-71 所示。

图 4-71 "格式"选项卡

完成设置后,单击"确定"按钮,关闭对话框。这时光标变成十字形状并附带文本符号·**T**,将光标移动到需要放置文本的位置,单击鼠标完成当前文本放置。单击鼠标右键选择"取消操作"命令或按<Esc>键,便可退出该操作。绘制结果如图 4-72 所示。

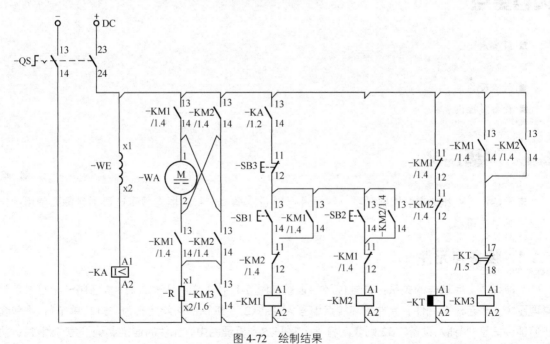

图 4-72 绘制结果

第 5 章

面向对象的设计

内容简介

面向对象的设计又称为面向设备的设计，创建原理图时，直接选择包含部件的设备，然后再将其放置在原理图上。在 EPLAN Electric P8 2022 中，原理图中的符号主要指元件符号，元件符号只存在于符号库中。一个元件符号，如断路器符号，可以分配（选型）西门子的断路器，也可分配 ABB 的断路器。原理图中的元件经过选型并添加部件后被称为设备，既有对应的图形表达，又有数据信息。

内容要点

- 设备定义
- "设备"导航器
- 放置设备
- 设备属性设置

5.1 设备定义

未开始设计图纸之前，需要对项目数据进行规划，"设备"导航器中显示选择项目需要使用的指定部件编号的设备。

5.1.1 设备与元件

在原理图上有这样的关系：符号+部件=设备，图 5-1 中，"插入符号" H1 表示将一个符号放到原理图中，表示一个元件，元件的连接点编号为 "x¶x2"，默认的功能定义为 "灯，单个"，不包含任何部件信息；"插入设备" H2 则表示将一个符号放到原理图中，元件的连接点编号为 "x¶x2"，功能定义为 "灯，单个"，同时被分配了一个部件，部件编号为 SIE.3SU1401-1BF60-1AAO。

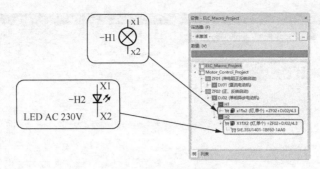

图 5-1　元件与设备

同样，删除了部件信息（部件编号）的 H2 变为元件，添加了部件信息（部件编号）的元件 H1 变为设备。

5.1.2　设备主功能

一个"设备标识符"表示一个"设备"，如"-KM"接触器代表一个"设备"。但这个"设备"可以由几个不同组件构成，例如接触器的"主触点""线圈"和"辅助触点"，这些组件都用不同的符号表示，如图 5-2 所示。

 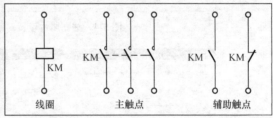

图 5-2　交流接触器实物图及其组件的符号

如果一个设备内的每个"组件"都使用相同的"设备标识符"表示，这样很容易混淆。为了区分"主触点""线圈"和"辅助触点"，EPLAN Electric P8 2022 建立了一个"主功能"的概念。在多个具备相同"设备标识符"的组件中选出一个代表，让其代表本设备，而其他"组件"不具备代表身份。这个代表身份就是"主功能"属性，其他不具备"主功能"身份的"组件"被称为"辅助功能"。

图 5-3 所示为接触器设备 A-B.100-C09EJ01 的实物图及其"线圈""常开主触点"和"常闭辅助触点"符号，线圈属性设置对话框如图 5-4 所示，常开触点属性设置对话框如图 5-5 所示。

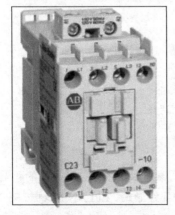 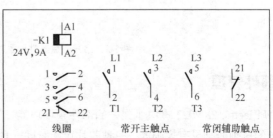

图 5-3　接触器设备 A-B.100-C09EJ01 实物图及其组件的符号

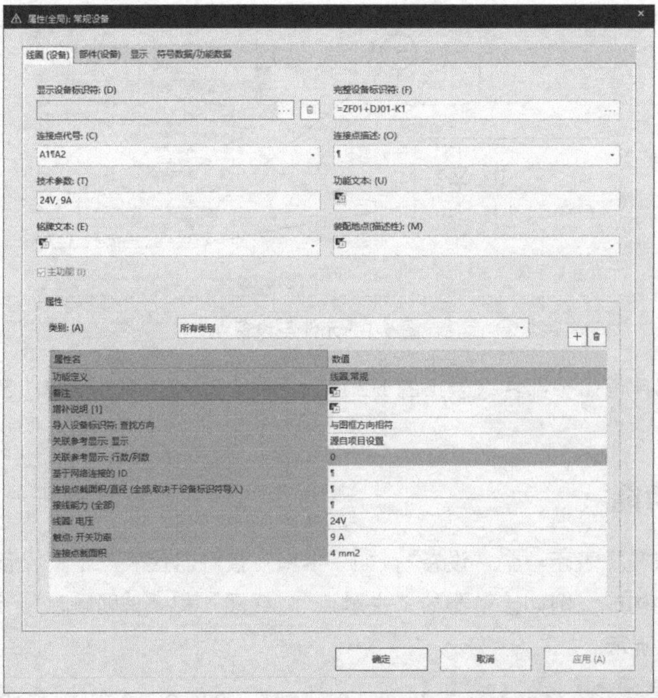

图 5-4　线圈属性设置对话框

图 5-5　常开触点属性设置对话框

5.1.3　部件管理

EPLAN Electric P8 2022 提供了强大的部件管理功能，厂家及系统提供各种各样的新型部件。考虑芯片管脚的排列通常是有规则的，多种芯片可能有同一种部件形式，EPLAN Electric P8 2022 提供了部件库管理功能，可以方便地保存和引用部件。

　　选择菜单栏中的"工具"→"部件"→"管理"命令，单击"项目编辑"工具栏中的"部件管理"按钮，系统弹出如图 5-6 所示的"部件管理"对话框，显示部件的管理与编辑内容。

图 5-6　"部件管理"对话框

下面介绍该对话框中的各个选项功能。

1. 字段筛选器

　　对话框左侧为字段筛选器，在该下拉列表中显示当前系统中默认的筛选规则，将系统中的部件分专业进行划分，单击"…"按钮，弹出"筛选器"对话框，在该对话框中可新建筛选规则，如图 5-7 所示。

　　（1）创建新名称

　　单击"配置"下拉列表后的"新建"按钮，弹出"新配置"对话框，创建配置信息，在"名称"文本框中输入新建筛选器名称，在"描述"文本框中输入该筛选器名称的解释，结果如图 5-8 所示。

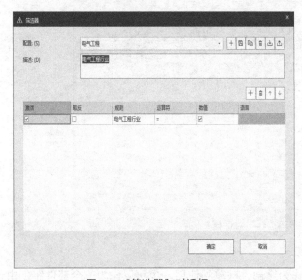

图 5-7　"筛选器"对话框 1

图 5-8　"新配置"对话框

（2）创建新规范

默认情况下，新建的筛选器不包含任何规则，为实现筛选功能，用户需在新筛选器下创建规则。单击图 5-7 所示规范列表右上角的"新建"按钮 +，弹出"规范选择"对话框，在"属性"选项组下显示新建筛选器规范，选择"PLC 工作站类型"，如图 5-9 所示。

完成规则创建后，单击"确定"按钮，返回"规范选择"对话框，在"查找"栏下方"标准"菜单列表中显示属性规则"PLC 工作站：类型"，单击"确定"按钮，在"运算符"栏显示"="，在"数值"栏选择规则的取值。勾选"激活"复选框，显示创建的新筛选器规则，如图 5-10 所示。

图 5-9 "规范选择"对话框

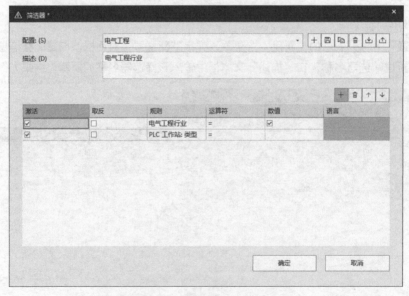

图 5-10 "筛选器"对话框 2

2. 部件库列表

部件组由零部件组成，同一个部件可以作为零部件被单独使用，也可以作为一个部件组（由该零部件组成）的一部分被使用。例如，一个热继电器可以配上底座，作为零部件单独使用，也可以与接触器组成部件组，被安装在接触器上。

3. 新建部件

（1）在"部件管理"对话框树形结构中显示不同层次的部件，
创建部件的同时系统自动定义部件层次结构。其中，"部件"下
第一层为部件行业分类，可通过字段筛选器进行选择与创建。

（2）创建第二层。在"电气工程"上单击鼠标右键，弹出快
捷菜单，选择"新建"命令，显示创建的该层部件库类型，包括
"零部件""部件组""模块"，如图 5-11 所示。

选择"零部件"命令，在"零部件"层下创建嵌套的部件，
同样，选择"部件组"命令，在"部件组"层下创建嵌套的部件，
选择"模块"命令，在"模块"层下创建嵌套的部件，如图 5-12
所示。

图 5-11　快捷菜单 1

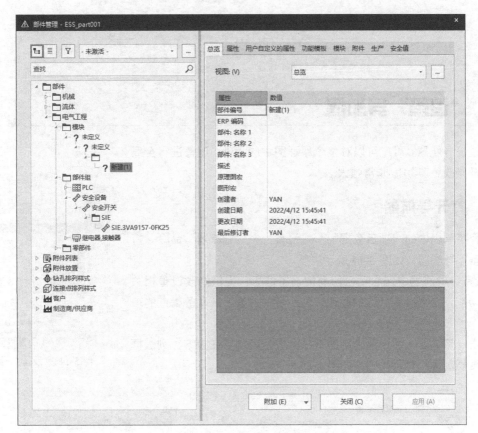

图 5-12　创建嵌套的部件

其余层均可直接选择"新建"命令，新建该层位顶层的部件（层次结构），如图 5-13 所示。新
建部件后，在其右侧的参数界面输入所要建立的零部件的参数。

4. 复制部件

在"部件管理"对话框树形结构中选择部件，单击鼠标右键，选择"复制"命令，复制该部件，
单击鼠标右键，选择"粘贴"命令，直接在该部件下方添加相同参数的部件。

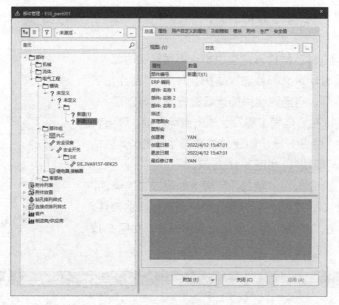

图 5-13　新建部件

5.2　"设备"导航器

通过该导航器，用户可以对整个原理图中的元件、设备进行全局的观察及修改，其功能非常强大。

5.2.1　打开导航器

选择菜单栏中的"项目数据"→"设备"→"导航器"命令，打开"设备"导航器，如图 5-14 所示。

"设备"导航器中包含项目所有的设备信息，提供修改设备相关信息的功能，包括设备名称的修改、显示格式的改变、设备属性的编辑等。

单击"筛选器"面板最上部的下拉列表按钮，可在该下拉列表框中选择想要查看的对象类别，如图 5-15 所示。

图 5-14　"设备"导航器

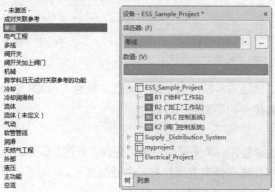

图 5-15　对象类别

5.2.2 "部件主数据"导航器

选择菜单栏中的"工具"→"部件"→"部件主数据导航器"命令，在工作窗口左侧就会出现"部件主数据"标签，并自动弹出"部件主数据"导航器，如图 5-16 所示。该导航器中的部件与"部件选择"对话框中的部件数据相同。

在该导航器中选择需要放置的部件，将其拖动到"设备"导航器中，完成设备的预规划。

5.2.3 新建设备

图 5-17 所示为元件与设备实物图，想得到与实物类似的部件需要预先建立设备的标识符和部件数据。

1. 根据功能定义创建设备

原理图中使用了大量的符号，且符号被赋予更多的属性信息和逻辑信息，将这些符号定义为元件或设备。功能定义是元件或设备的功能描述文字，是必不可少的。

在"设备"导航器中单击鼠标右键，弹出快捷菜单，选择"新建"命令，系统弹出"功能定义"对话框，如图 5-18 所示。

选择需要创建的设备的功能定义，单击"确定"按钮，关闭对话框，系统弹出"属性（全局）：常规设备"对话框，如图 5-19 所示，显示根据指定的功能定义创建的设备信息。单击"确定"按钮，关闭对话框。

图 5-16 "部件主数据"导航器

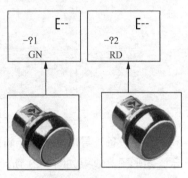

图 5-17 开关设备与元件

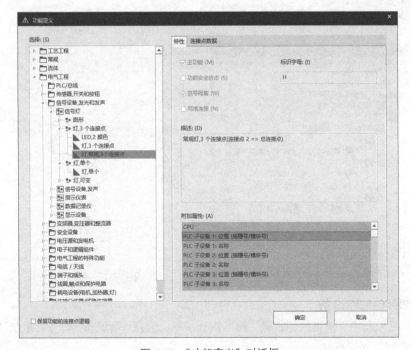

图 5-18 "功能定义"对话框

117

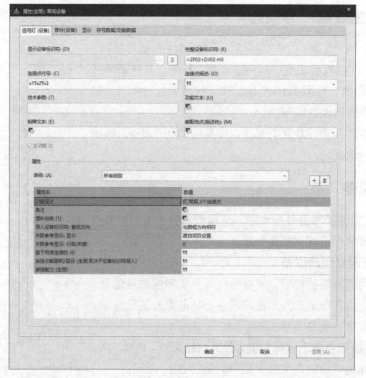

图 5-19 "属性（全局）：常规设备"对话框

在"设备"导航器中显示新建的设备 H3，在下一级菜单中显示选择的功能定义，如图 5-20 所示，图形预览效果如图 5-21 所示。

图 5-20 "设备"导航器

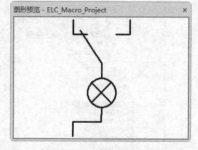

图 5-21 图形预览效果

2. 根据部件创建新设备

在"设备"导航器中，单击鼠标右键，弹出快捷菜单，选择"新设备"命令，系统弹出如图 5-22 所示的"部件选择"对话框。

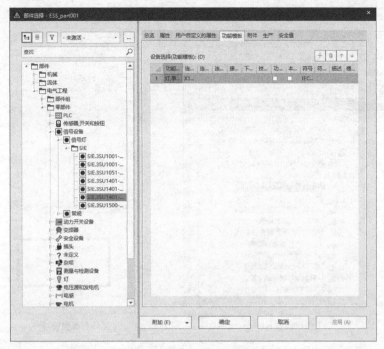

图 5-22 "部件选择"对话框

3. 新建部件组

在"部件库列表"中选择"部件组"下的"继电器，接触器"→"接触器"选项，如图 5-23 所示，单击"确定"按钮，完成选择。在"设备"导航器中显示新添加的接触器设备 K1，如图 5-24（a）所示。K1 中除了包含接触器的主功能"线圈"，还包含 3 个"常开触点、主触点"、3 个"常开触点、辅助触点"和 2 个"常闭触点、辅助触点"，如图 5-24（b）~（f）所示。

图 5-23 选择部件组"接触器"

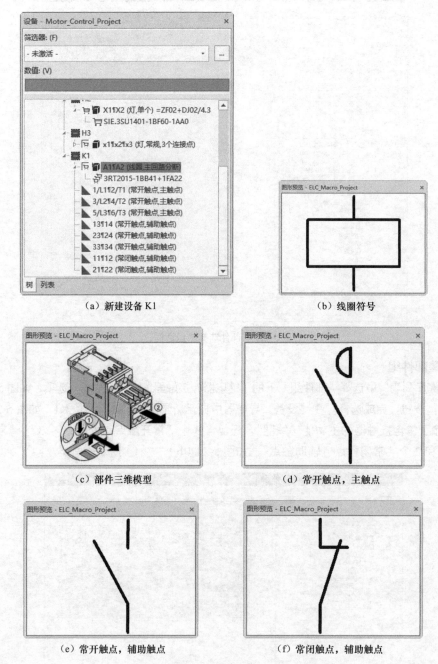

图 5-24　新建设备 K1

4. 新建零部件

在"部件库列表"中选择"零部件"下的"安全设备"→"断路器",如图 5-25 所示,单击"确定"按钮,完成零部件选择,在"设备"导航器中显示新添加的断路器设备 F1,新建设备 F1 及图形预览如图 5-26 所示。

图 5-25　选择零部件

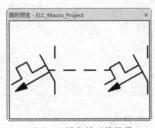

（a）F1 设备的元件符号

（b）三维模型

图 5-26　新建设备 F1 及图形预览

5.2.4　查找设备

在 "设备" 导航器中还可以快速定位导航器中的元件在原理图中的位置。

选择 "设备" 导航器中项目文件下的设备，如图 5-27（a）所示，单击鼠标右键，系统弹出如图 5-27（b）所示的子菜单，选择 "转到（图形）" 命令，系统自动打开该设备所在的原理图页，如图 5-28 所示，并高亮显示该设备的图形符号。

（a）"设备" 导航器

（b）快捷菜单

图 5-27　右键快捷菜单

121

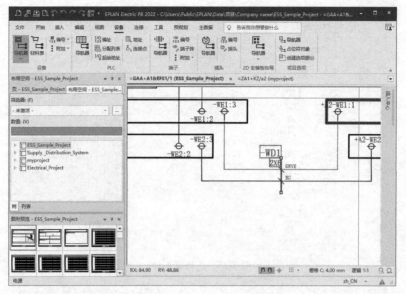

图 5-28 设备所在的原理图页

5.3 放置设备

放置设备相当于为元件选择部件并进行选型，下面介绍具体方法。

5.3.1 直接放置

选中"设备"导航器中的设备，按住鼠标左键将选中的设备向图纸中拖动，即将设备从导航器中拖至图纸上，光标上显示 符号，松开鼠标左键，光标上显示浮动的设备符号，选择需要放置的位置，单击鼠标左键，在原理图中放置设备，具体过程如图 5-29 所示。

（a）选中设备　　　　　　　　（b）向原理图拖动　　　　　　　（c）完成放置

图 5-29　直接放置设备

5.3.2　对话框放置

选择菜单栏中的"插入"→"设备"命令，系统弹出如图 5-30 所示的"部件选择-ESS_part001"对话框，选择需要的零部件或部件组，完成部件选择后，单击"确定"按钮，原理图中显示浮动的设备符号，如图 5-31 所示。

选择需要放置设备的位置，单击鼠标左键，在原理图中放置设备。同时，在"设备"导航器中显示新添加的插头设备 F2，如图 5-32 所示。

图 5-30　"部件选择-ESS_part001"对话框

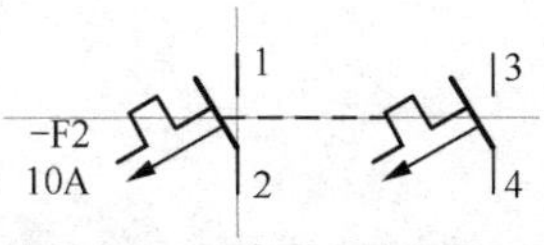

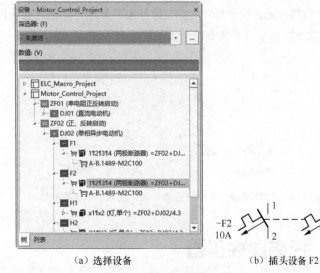

图 5-31　显示浮动设备符号

（a）选择设备　　　　　（b）插头设备 F2

图 5-32　显示新添加的插头设备 F2

5.3.3　快捷命令放置

在"设备"导航器中选择要放置的设备，单击鼠标右键，系统弹出如图 5-33 所示的快捷菜单，选择"放置"命令，原理图中显示浮动的设备符号，如图 5-34 所示。选择需要放置的位置，单击鼠标左键，在原理图中放置设备，如图 5-35 所示。

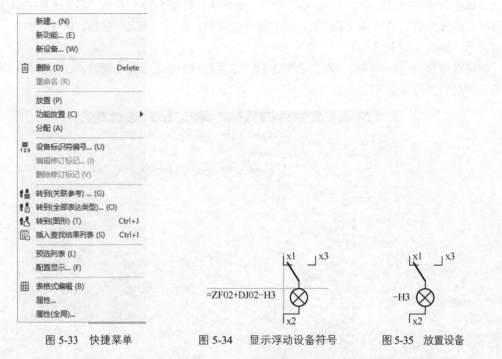

图 5-33 快捷菜单　　　　图 5-34 显示浮动设备符号　　　　图 5-35 放置设备

选择设备 K1，在图 5-33 所示的快捷菜单中选择"功能放置"命令，弹出如图 5-36 所示的"功能放置"命令子菜单。

- 选择"通过符号图形"命令，原理图中显示浮动的设备符号，选择需要放置的位置，单击鼠标，在原理图中放置设备符号，如图 5-37 所示。
- 选择"通过宏图形"命令，原理图中显示浮动的设备宏图形，选择需要放置的位置，单击鼠标，在原理图中放置设备宏图形，如图 5-38 所示。

图 5-36 "功能放置"命令子菜单　　　　图 5-37 设备符号　　　　图 5-38 放置设备宏图形

5.4　设备属性设置

双击放置到原理图的设备，弹出属性设置对话框，属性设置与元件属性设置相同，这里不再赘述。

打开"部件（设备）"选项卡，如图 5-39 所示，显示该设备中已添加部件，即已经选型。

图 5-39 "部件"选项卡

（1）"部件编号-件数/数量"列表

在"部件"选项卡左侧"部件编号-件数/数量"列表中显示添加的部件。单击空白行"部件编号"中的"…"按钮，系统弹出如图 5-40 所示的对话框，该对话框中显示部件管理库，在该对话框中可浏览所有部件信息，为元件选择正确的部件。

部件库包括机械、流体、电气工程相关专业涉及的元件，还可在右侧的选项卡中设置部件常规属性，包括为元件设置部件编号，但由于用户自行选择元件，因此用户需要查找手册，选择正确的元件，否则容易造成元件与部件不匹配的情况，导致元件功能与部件功能不一致。

（2）"数据源"下拉列表

"数据源"下拉列表中显示部件库的数据库，默认情况下选择"默认"选项，若有需要，可单击图 5-39 所示"数据源"选项右侧的"…"按钮，弹出如图 5-41 所示的"设置：部件（用户）"对话框，设置新的数据源。在该对话框中显示默认部件库的数据源为"Access"，在后面的文本框中显示数据源路径，该路径与软件安装路径有关。

图 5-40 部件管理库

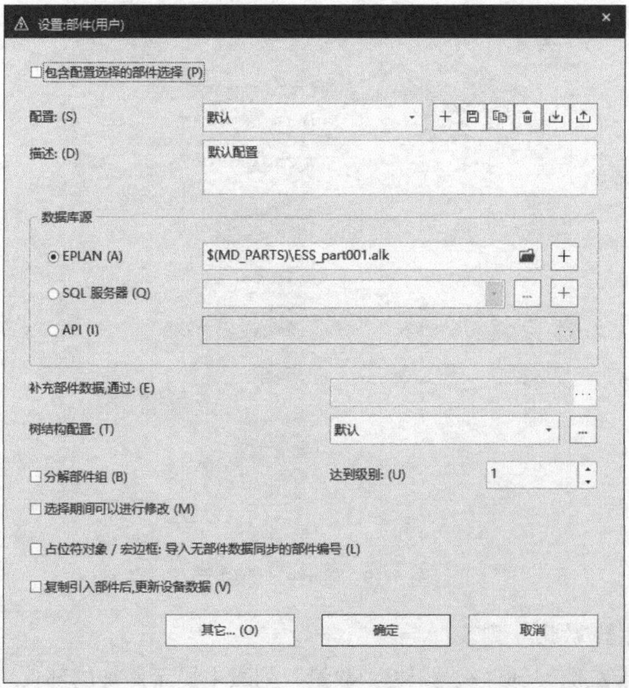

图 5-41　"设置：部件（用户）"对话框

图 5-39 中，选择"设置"下拉列表中的"选择设备"命令，系统弹出如图 5-42 所示的"设置：设备选择"对话框，该对话框显示选择的设备的参数设置。

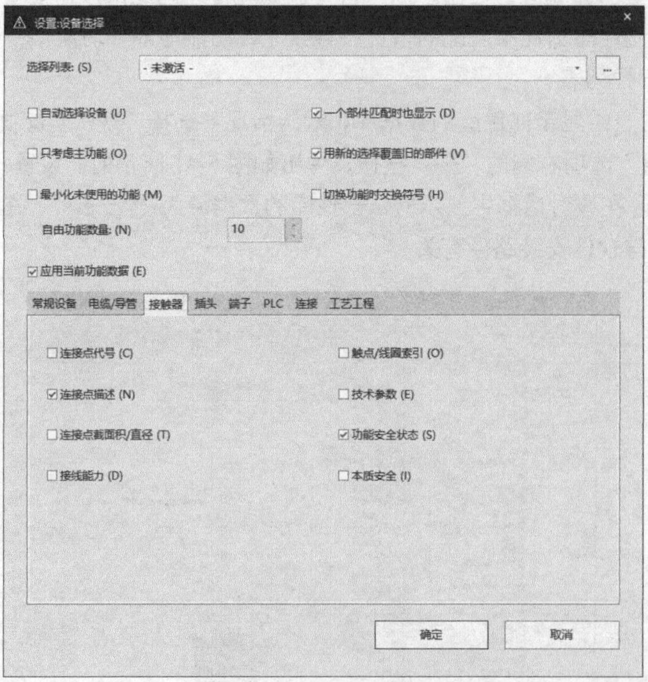

图 5-42　"设置：设备选择"对话框

选择"设置"下拉列表中的"部件选择（项目）"命令，系统弹出如图 5-43 所示的"设置：部件选择（项目）"对话框，该对话框显示部件选择为"用户自定义"或"项目"。

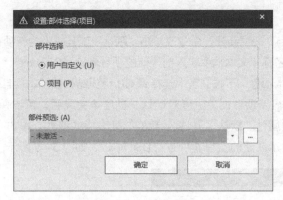

图 5-43 "设置：部件选择（项目）"对话框

单击图 5-39 中的"设备选择"按钮，弹出如图 5-44 所示对话框，可在该对话框中进行智能选型。该对话框自动显示筛选后的与元件相匹配的部件信息，不显示所有元件的部件信息，这种方法既节省了查找部件的时间，也避免了匹配错误的部件信息。

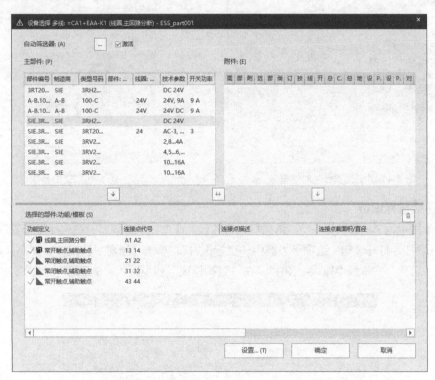

图 5-44 智能选型

5.5 操作实例——分配电箱电气系统图

分配电箱中包含照明回路分配电箱、动力回路与照明回路分配电箱，内设 200～250A 具有隔离功能的 DZ20 系列透明塑壳断路器作为主开关，采用 DZ20 或 KDM-1 型透明塑壳断路器作为动力分路、照明分路控制开关；各配电回路采用 DZ20 或 KDM-1 透明塑壳断路器作为控制开关，PE 线连线螺栓、N 线接线螺栓根据实际需要配置。

1. 创建项目

选择菜单栏中的"项目"→"新建"命令或单击"默认"工具栏中的新项目按钮，弹出如图 5-45 所示的对话框，在"项目名称"文本框中输入创建新的项目名称"Dis_box"，在"默认位置"一栏选择项目文件的路径，在"基本项目"下拉列表中选择带 GB 标识结构的基本项目"GB_bas001.zw9"。

单击"确定"按钮，显示项目创建进度对话框，进度条完成后，系统弹出"项目属性"对话框，显示当前项目图纸的参数属性。默认"属性名-数值"列表中的参数，单击"确定"按钮，关闭对话框，在"页"导航器中显示创建的空白新项目"Dis_box"，如图 5-46 所示。

图 5-45 "创建项目"对话框

图 5-46 空白新项目

2. 创建结构标识符

选择菜单栏中的"项目数据"→"结构标识符管理"命令，系统弹出"结构标识符管理"对话框。选择"高层代号"，打开"树"选项卡，选中"空标识符"，单击"新建"按钮，弹出"新标识符"对话框，在"名称"文本框中输入"X01"，在"结构描述"行中输入"6 回路"，如图 5-47 所示。

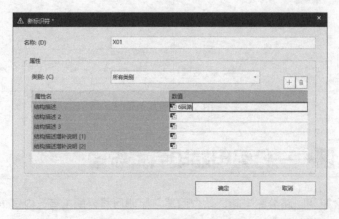

图 5-47 "新标识符"对话框

单击"确定"按钮，在"高层代号"中添加"X01（6 回路）"标识符。使用同样的方法，创建"X02（8 回路）"标识符，如图 5-48 所示。

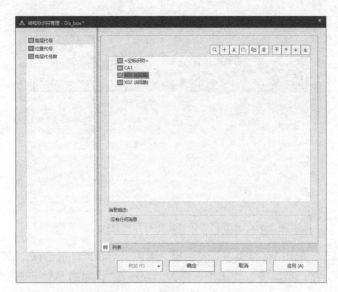

图 5-48 "高层代号"选项卡

选择"位置代号"选项卡，打开"树"选项卡，单击"新建"按钮 +，在新添加的行中输入相应参数，创建位置代号标示符"Y01（控制回路和照明回路）""Y02（控制回路）"，如图 5-49 所示。单击"确定"按钮，关闭对话框。

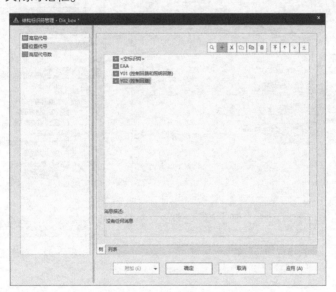

图 5-49 "位置代号"选项卡

3. 根据结构标识符创建图纸页

（1）在"页"导航器中选中项目名称，单击鼠标右键，选择快捷菜单中的"新建"命令，弹出"新建页"对话框，显示创建的图纸页完整页名"=CA1+EAA/2"。

（2）在"完整页名"文本框右侧单击"…"按钮，弹出"完整页名"对话框，如图 5-50 所示。在"高层代号"右侧单击"…"按钮，弹出"高层代号"对话框，选定义的高层代号的结构标识符"X02（8 回路）"。

使用同样的方法，在"完整页名"对话框"位置代号"行选择位置代号标识符"Y01（控制回路和照明回路）"，结果如图 5-50 所示。

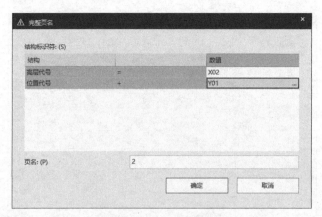

图 5-50　修改高层代号标识符和位置代号标识符

单击"确定"按钮，关闭"完整页名"对话框，返回"新建页"对话框，默认"页类型"为"单线原理图（自动式）"，在"页描述"文本框中输入"系统图"，如图 5-51 所示。

单击"应用"按钮，在"页"导航器中显示创建图纸页名为"=X02+Y01/2"，使用同样的方法创建其余图纸页，如图 5-52 所示。

图 5-51　创建图页

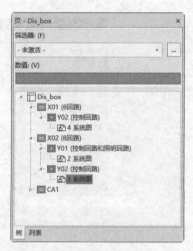

图 5-52　新建图页文件

4. 新建部件

本例使用的透明塑壳断路器包括以下几种。

- 200A-250A 具有隔离功能的 DZ20 系列：DZ20Y-250/3300、DZ20T-200。
- SE 透明系列：SE-100。
- KDM-1/2P 透明系列 KDM-1-40T/290。

选择菜单栏中的"工具"→"部件"→"管理"命令，单击"项目编辑"工具栏中的"部件管理"按钮 ，系统弹出如图 5-53 所示对话框，选中"断路器"下的"SIE.5SY4106-5"部件，单击鼠标右键，选择"复制"命令，再次单击鼠标右键，选择"粘贴"命令，创建"SIE.5SY4106-5（1）"。

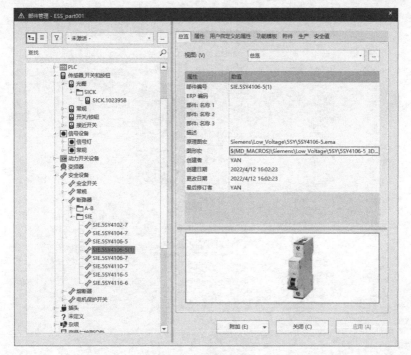

图 5-53　复制部件

选中部件"SIE.5SY4106-5（1）"，打开"属性"选项卡，在"部件编号"栏输入"DZ20Y-250/3300"，在"原理图宏"栏选择"5SY4106-5-2.ema"，如图 5-54（a）所示。单击"所有属性"按钮📋，将"技术参数"修改为"225A"，将"最大损耗功率"修改为"3.3W"，如图 5-54（b）所示。

（a）

图 5-54　修改属性

（b）

图 5-54　修改属性（续）

　　选中"断路器"下的"SIE.5SY4106-5"部件，单击鼠标右键，选择"复制"命令，再次单击鼠标右键，选择"粘贴"命令，创建 SIE.5SY4106-5（1）、SIE.5SY4106-5（2）。

　　选中部件"SIE.5SY4106-5（1）"，打开"属性"选项卡，将部件编号修改为"SE-100"，在"原理图宏"栏选择"5SY4106-5-1.ema"。

　　选中部件"SIE.5SY4106-5（2）"，打开"属性"选项卡，将部件编号修改为"KDM-1-40T/290"，结果如图 5-55 所示。

　　单击"关闭"按钮，完成断路器部件"DZ20Y-250/3300""KDM-1-40T/290""SE-100"的创建。

图 5-55　创建部件结果

5. 放置设备

选择菜单栏中的"项目数据"→"设备"→"导航器"命令，打开"设备"导航器。选择菜单栏中的"工具"→"部件"→"部件主数据导航器"命令，打开"部件主数据"导航器，如图 5-56 所示。

图 5-56 "部件主数据"导航器

打开"断路器"选项，将上面创建的新部件"DZ20Y-250/3300""KDM-1-40T/290""SE-100"拖动到"设备"导航器中，如图 5-57 所示。

将"设备"选项卡中的 3 个设备放置到原理图中，如图 5-58 所示。

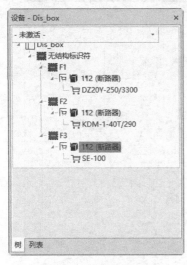

图 5-57 "设备"导航器   图 5-58 放置设备

按<F1>键，单击鼠标右键，选择"属性"命令，弹出"属性（全局）: 常规设备"对话框，在"断路器（设备）"选项卡下输入完整设备标识符、技术参数与功能文本，如图 5-59 所示。

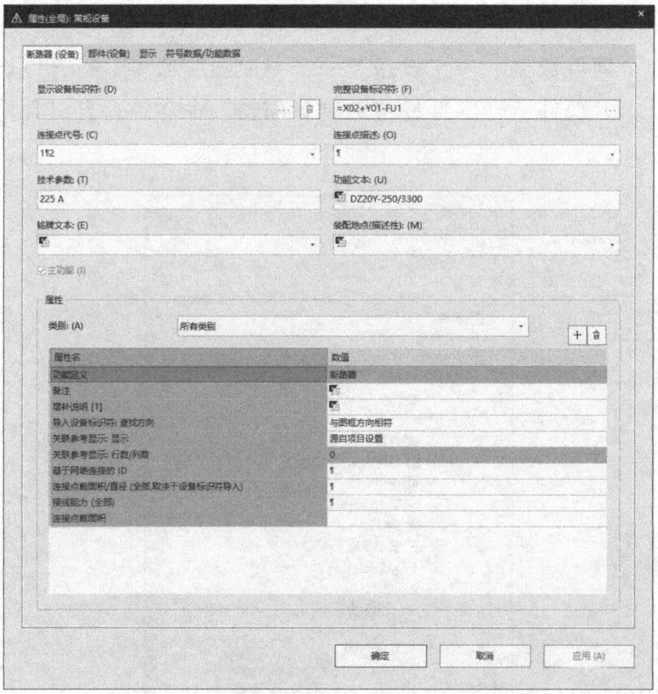

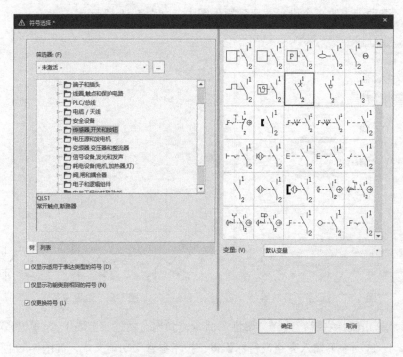

图 5-59 "属性（全局）：常规设备"对话框

打开"符号数据/功能数据"选项卡，在"编号/名称"栏单击"…"按钮，打开"符号选择"对话框，取消"仅显示功能类别相同的符号"复选框的勾选，在"传感器，开关和按钮"中选择如图 5-60 所示的断路器符号。

图 5-60 "符号选择"对话框

单击"确定"按钮，关闭对话框。在缩略框中显示新建设备的元件符号，如图 5-61 所示。

图 5-61　选择元件符号

　　单击"确定"按钮，关闭对话框。断路器设备的修改结果如图 5-62 所示。此时"设备"导航器中显示该设备的属性已经更新。

　　根据图纸要求修改设备的技术要求与功能文本，图纸中包含 1 个 DZ20Y-250/3300、1 个 DZ20T-200、3 个 KDM-1-40T/290、7 个 SE-100，复制设备，设备放置结果如图 5-63 所示。"设备"导航器中显示该系统图中所有的设备，如图 5-64 所示。

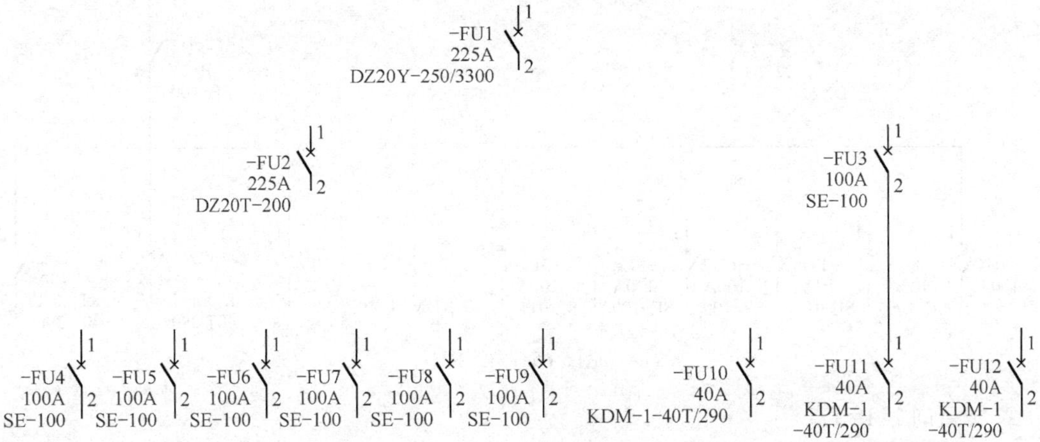

-FU1
225A
DZ20Y-250/3300

图 5-62　断路器设备的修改结果

-FU1
225A
DZ20Y-250/3300

-FU2
225A
DZ20T-200

-FU3
100A
SE-100

-FU4
100A
SE-100

-FU5
100A
SE-100

-FU6
100A
SE-100

-FU7
100A
SE-100

-FU8
100A
SE-100

-FU9
100A
SE-100

-FU10
40A
KDM-1-40T/290

-FU11
40A
KDM-1
-40T/290

-FU12
40A
KDM-1
-40T/290

图 5-63　设备放置结果

135

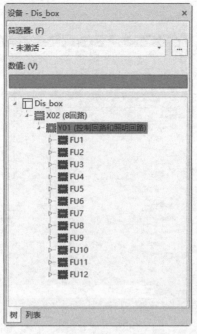

图 5-64 "设备"导航器

6. 设备连接

（1）使用连接符号连接

① 角连接

选择菜单栏中的"插入"→"连接符号"→"角（右下）"命令，放置角（右下），放置过程中按<Tab>键，旋转角，放置完毕，单击鼠标右键选择"取消操作"命令或按<Esc>键即可退出该操作。结果如图 5-65 所示。

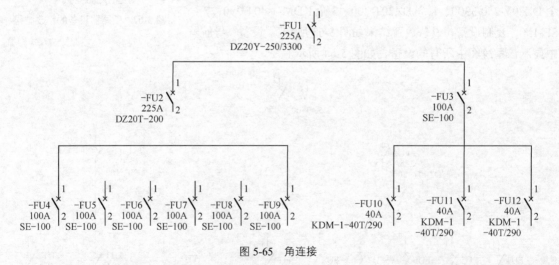

图 5-65 角连接

② 放置向上 T 节点

选择菜单栏中的"插入"→"连接符号"→"T 节点（向上）"命令，放置向上 T 节点，放置完毕，单击鼠标右键选择"取消操作"命令或按<Esc>键即可退出该操作。结果如图 5-66 所示。

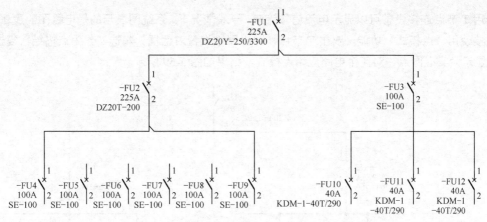

图 5-66　放置向上 T 节点

③ 放置向下 T 节点

选择菜单栏中的"插入"→"连接符号"→"T 节点（向下）"命令，放置向下 T 节点，放置完毕，单击鼠标右键选择"取消操作"命令或按<Esc>键即可退出该操作，结果如图 5-67 所示。

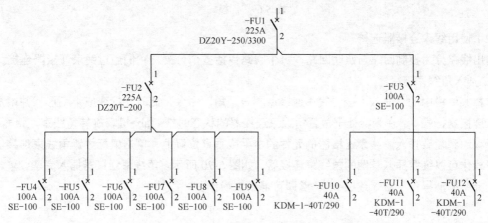

图 5-67　放置向下 T 节点

选择菜单栏中的"插入"→"连接符号"→"跳线"命令，移动光标，在插入点单击鼠标放置跳线，放置完毕，单击鼠标右键选择"取消操作"命令或按<Esc>键即可退出该操作，结果如图 5-68 所示。

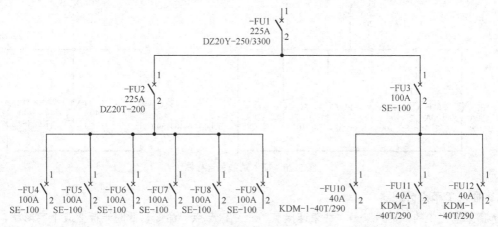

图 5-68　插入跳线

使用 T 节点连接设备可以显示电流信号流向，一般情况下，系统图表示的是电路图的逻辑关系，可以直接使用"点模式"功能。双击 T 节点，弹出属性设置对话框，勾选"作为点描绘"复选框，T 节点显示为实心圆点，对整个电路应用点模式，结果如图 5-69 所示。

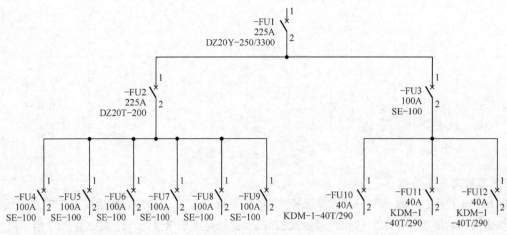

图 5-69　点模式

（2）使用线束连接器连接

输出线路分为控制回路与照明回路，每个回路包括多个分支，它们通过线束连接器连接。

① 插入角线束连接器

选择菜单栏中的"插入"→"线束连接点"→"角"命令，此时光标变成十字形状并附加一个角线束连接器符号┗。在光标处于放置角线束连接器的状态时按<Tab>键，旋转角线束连接器符号。将光标移动到需要插入角线束连接器的元件的水平或垂直位置上，单击鼠标放置角线束连接器。重复上述操作可以继续插入其他的角线束连接器，如图 5-70 所示。角线束连接器插入完毕，单击鼠标右键选择"取消操作"命令或按<Esc>键即可退出该操作。

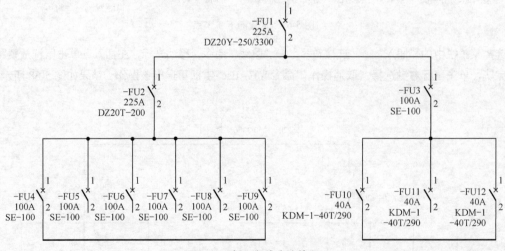

图 5-70　插入角线束连接器

② 插入 T 节点分配器

选择菜单栏中的"插入"→"线束连接点"→"T 节点"命令，此时光标变成十字形状，光标上显示浮动的 T 节点分配器符号┳。在光标处于放置 T 节点分配器的状态时按<Tab>键，旋转 T 节点分配器符号，变换线 T 节点分配器模式。单击插入 T 节点分配器，结果如图 5-71 所示。

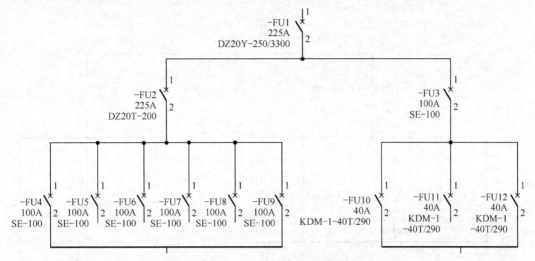

图 5-71 插入 T 节点分配器

选择菜单栏中的"插入"→"连接符号"→"中断点"命令，按<Tab>键，旋转中断点符号，单击鼠标放置中断点。放置完毕，单击鼠标右键选择"取消操作"命令或按<Esc>键即可退出该操作。

放置过程中，系统弹出"属性（全局）：中断点"对话框，在"显示"选项卡中，选择"关联参考（可配置的）"选项，在"属性"选项栏"隐藏"行选择"是"选项，如图 5-72 所示，隐藏关联参考符号的显示。结果如图 5-73 所示。

图 5-72 "属性（全局）：中断点"对话框

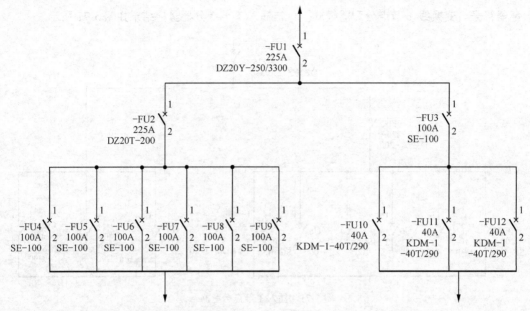

图 5-73　插入中断点

第6章

原理图中的高级操作

内容简介

EPLAN Electric P8 2022 为原理图编辑提供了一些高级操作，掌握了这些高级操作，将大大提高电气设计的效率。本章将详细介绍这些高级操作，包括黑盒、结构盒与宏的设计与使用。

内容要点

- 黑盒
- 结构盒
- 宏设计

6.1 黑盒

黑盒可以作为符号库的补充，黑盒加符号可以代表绝大多数电气元件，黑盒加设备连接点可以代表符号替代不了的绝大多数部件。

6.1.1 绘制黑盒

黑盒由图形元素构成，代表物理上存在的设备。黑盒的形状默认是长方形，也有多边形的黑盒，如图 6-1 所示。

1. 绘制黑盒步骤

选择菜单栏中的"插入"→"盒子连接点/连接板/安装板"→"黑盒"命令，或单击"插入"选项卡下"设备"面板中的"黑盒"按钮 🔳，此时光标变成十字形状并附加一个黑盒符号🔳。将光标移动到需要插入黑盒的位置，单击鼠标确定黑盒的一个顶点，移动光标到合适的位置再一次单击鼠标确定其对角顶点，即可完成黑盒的插入，如图 6-2 所示。

此时光标仍处于插入黑盒的状态，重复上述操作可以继续插入其他的黑盒。黑盒插入完毕，按 <Esc>键即可退出该操作。

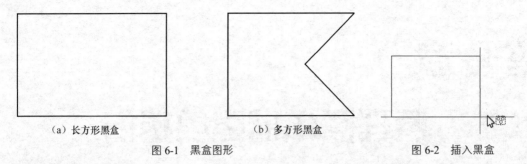

（a）长方形黑盒 　　　　　　　（b）多方形黑盒

图 6-1　黑盒图形　　　　　　　　　　　　　　　　图 6-2　插入黑盒

2. 黑盒属性设置

在插入黑盒的过程中，用户可以对黑盒的属性进行设置。双击黑盒或在插入黑盒后，弹出如图 6-3 所示的黑盒属性设置对话框，可以在该对话框中对黑盒的属性进行设置，在"显示设备标识符"文本框中输入黑盒的编号。

打开"符号数据/功能数据"选项卡，在"符号数据（图形）"栏右侧显示选择的图形符号预览图，如图 6-4 所示，在"编号/名称"栏后单击"…"按钮，系统弹出"符号选择"对话框，如图 6-5 所示，选择"黑盒"符号。

图 6-3　黑盒属性设置对话框

图 6-4　"符号数据/功能数据"选项卡

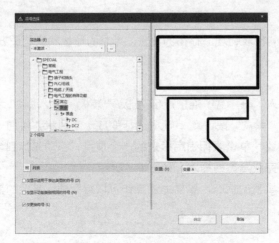

图 6-5　"符号选择"对话框

在"符号数据/功能数据"选项卡"功能数据"选项下的"定义"文本框右侧单击"…"按钮，弹出"功能定义"对话框，如图 6-6 所示，定义设备的类别。

打开"格式"选项卡，在"属性-分配"列表中显示黑盒图形符号：长方形的起点、终点、宽度、高度与角度；用户还可在该选项卡中设置长方形的线型、线宽、颜色等参数，如图 6-7 所示。

图 6-6　"功能定义"对话框

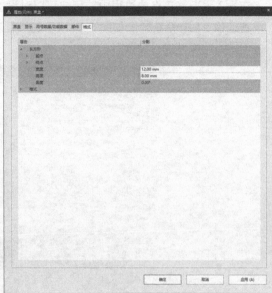

图 6-7　"格式"选项卡

6.1.2　设备连接点

设备连接点的符号看起来像端子符号，但却有不同，设备连接点不会被 BOM 统计，而端子会被统计；设备连接点不会生成端子表，而端子会生成端子表。设备连接点通常指电子设备上的端子，如设备连接点"Q401.2"指空开开关 Q401 的 2 端子。

设备连接点分两种，一种是单向连接的设备连接点，另一种是双向连接的设备连接点，如图 6-8 所示。单向连接的设备连接点有一个连接点，双向连接的设备连接点有两个连接点。

图 6-8　设备连接点

1. 绘制设备连接点

选择菜单栏中的"插入"→"设备连接点"命令，或单击"插入"选项卡下"设备"面板中的"设备连接点"按钮，此时光标变成十字形状并附加一个设备连接点符号。将光标移动到黑盒内需要插入设备连接点的位置，单击鼠标即可插入设备连接点，如图 6-9 所示。

此时光标仍处于插入设备连接点的状态，重复上述操作可以继续插入其他的设备连接点。设备连接点插入完毕，按

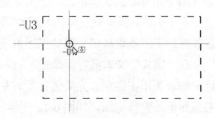

图 6-9　插入设备连接点

<Esc>键即可退出该操作。

在光标处于放置设备连接点的状态时按<Tab>键，旋转设备连接点符号，变换设备连接点模式。

2. 设备连接点属性设置

在插入设备连接点的过程中，用户可以对设备连接点的属性进行设置。双击设备连接点或在插入设备连接点后，系统弹出如图 6-10 所示的设备连接点属性设置对话框，用户可以在该对话框中对设备连接点的属性进行设置。

图 6-10 设备连接点属性设置对话框

如果一个黑盒设备中有同名的连接点号，可以通过属性 "Plug DT" 进行区分，让这些连接点分属不同的插头。

6.1.3 黑盒的组合与取消

选择菜单栏中的 "编辑" → "其他" → "组合" 命令或单击功能区 "编辑" 选项卡下 "组合" 面板中的 "组合" 按钮 ▤，将黑盒与设备连接点或端子等对象组合成一个整体。

6.1.4 黑盒的逻辑定义

制作完的黑盒仅仅描述了一个设备的图形信息，还需要添加逻辑信息。

双击黑盒，弹出黑盒属性设置对话框，在该对话框中打开 "符号数据/功能数据" 选项卡，在 "功能数据" 下显示重新定义黑盒描述的设备。

在 "定义" 文本框右侧单击 "…" 按钮，弹出 "功能定义" 对话框，如图 6-11 所示，选择重新定义的设备所在类别，完成选择后，单击 "确定" 按钮，返回对话框，在 "类别" "组" "描述" 栏右侧显示新设备类别，如图 6-12 所示。

图 6-11 "功能定义"对话框

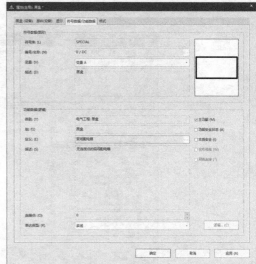

图 6-12 设备逻辑属性定义

完成黑盒逻辑定义后，重新打开"属性（全局）：黑盒"对话框，新设备名称直接显示，如图 6-13 所示。

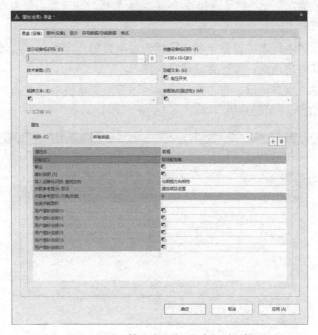

图 6-13 "属性（全局）：黑盒"对话框

6.1.5 操作实例——高压开关

1. 打开项目

选择菜单栏中的"项目"→"打开"命令，系统弹出如图 6-14 所示的原理图编辑环境对话框，选择项目文件的路径，打开项目文件"Motor_Control_Project.elk"。

在"页"导航器中单击鼠标右键，选择"新建"命令，新建"=100+10/1"原理图页，双击原理图页进入原理图编辑环境。

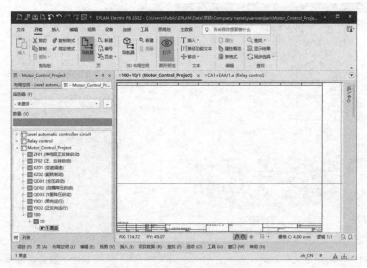

图 6-14   原理图编辑环境

2. 插入黑盒

选择菜单栏中的"插入"→"盒子连接点/连接板/安装板"→"黑盒"命令，此时光标变成十字形状并附加一个黑盒符号 ⬚。

将光标移动到需要插入黑盒的位置，单击鼠标确定黑盒的一个顶点，将光标移动到合适的位置再一次单击鼠标确定其对角顶点，即可完成黑盒的插入。

系统弹出黑盒属性设置对话框，在"显示设备标识符"文本框中输入黑盒的编号"-QR1"，在"功能文本"文本框中输入"高压开关"，如图 6-15 所示。

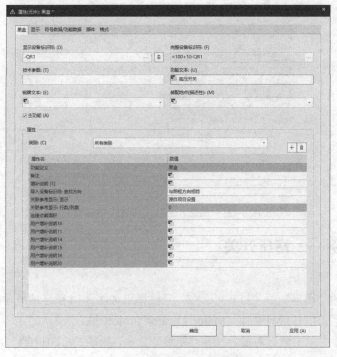

图 6-15   黑盒属性设置对话框

打开"显示"选项卡，选中"功能文本"属性，单击"取消固定"按钮，在"方向"下拉列表中选择"下部左"选项，修改功能文本的位置，如图 6-16 所示。

图 6-16 "显示"选项卡

单击"确定"按钮，关闭对话框。按<Esc>键即可退出该操作，显示如图 6-17 所示的黑盒。

选中绘制的黑盒，单击鼠标右键，选择"文本"→"移动属性文本"命令，将功能文本移动到黑盒左下角，如图 6-18 所示。

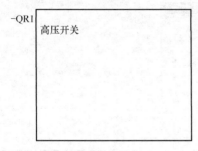

图 6-17 黑盒

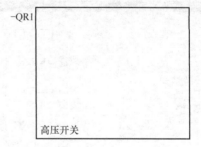

图 6-18 移动功能文本

3. 插入设备连接点

选择菜单栏中的"插入"→"盒子连接点/连接板/安装板"→"设备连接点"命令，此时光标变成十字形状并附加一个设备连接点符号。单击鼠标，在黑盒内插入设备连接点，系统弹出如图 6-19 所示的设备连接点属性设置对话框，在该对话框中默认"连接点代号"为 1，勾选"主功能"复选框。

打开"符号数据/功能数据"选选项卡，在"编号/名称"栏单击"…"按钮，系统弹出"符号选择"对话框，选择"DCPM"选项。

完成设置后，光标仍处于插入设备连接点的状态，重复上述操作可以插入设备连接点 2。设备连接点插入完毕，按<Esc>键即可退出该操作，如图 6-20 所示。

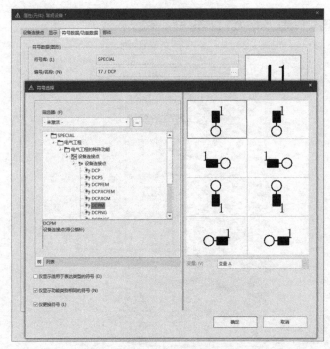

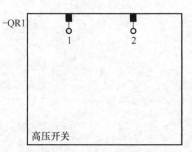

图 6-19　设备连接点属性设置对话框　　　　　　　　图 6-20　插入设备连接点

选择菜单栏中的"插入"→"符号"命令，系统弹出如图 6-21 所示的"符号选择"对话框，在该对话框中选择压力开关"BOP"，在黑盒内放置该符号，结果如图 6-22 所示。

框选绘制的元件符号，选择菜单栏中的"编辑"→"其他"→"组合"命令，将元件符号组合成一个整体。

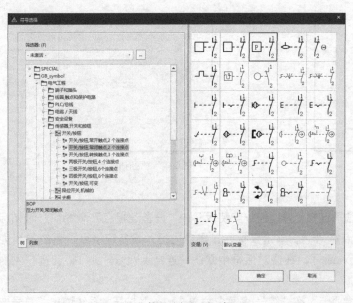

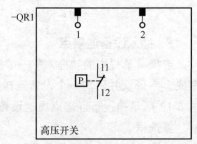

图 6-21　"符号选择"对话框　　　　　　　　　　图 6-22　放置高压开关

6.2 结构盒

结构盒并非设备,仅向设计者指明其归属于原理图中一个特定的位置。在 EPLAN Electric P8 2022 中,结构盒的功能类似高层代号与位置代号。

6.2.1 插入结构盒

结构盒可以具有一个设备标识符,但结构盒并非设备,不可能具有部件编号。当结构盒的大小改变、移动元件或结构盒时,系统将重新调整结构盒内元件的项目层结构。

1. 插入结构盒

选择菜单栏中的"插入"→"盒子连接点/连接板/安装板"→"结构盒"命令,或单击功能区"插入"面板中的"结构盒"按钮 ,此时光标变成十字形状并附加一个结构盒符号 。

将光标移动到需要插入结构盒的位置,单击确定结构盒的一个顶点,将光标移动到合适的位置再一次单击确定其对角顶点,即可完成结构盒的插入,如图 6-23 所示。此时光标仍处于插入结构盒的状态,重复上述操作可以继续插入其他的结构盒。结构盒插入完毕,按<Esc>键即可退出该操作步骤。

图 6-23 插入结构盒

2. 设置结构盒的属性

在插入结构盒的过程中,用户可以对结构盒的属性进行设置。双击结构盒,弹出如图 6-24 所示的结构盒属性设置对话框,用户可以在该对话框中对结构盒的属性进行设置,在"显示设备标识符"文本框中输入结构盒的编号。

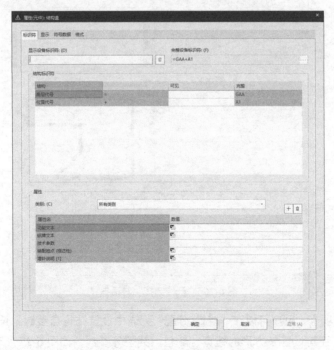

图 6-24 结构盒属性设置对话框

打开"符号数据"选项卡，选择的图形符号预览图在对话框右侧显示，如图 6-25 所示，在"编号/名称"栏后单击"…"按钮，系统弹出"符号选择"对话框，如图 6-26 所示，选择结构盒图形符号。

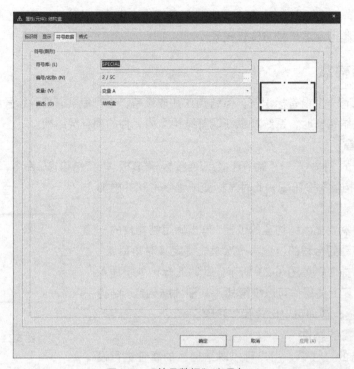

图 6-25 "符号数据"选项卡

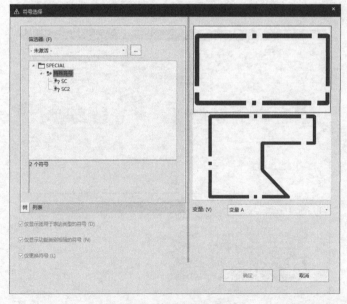

图 6-26 "符号选择"对话框

打开"格式"选项卡，用户可以在"属性-分配"列表中设置结构盒参数：长方形的起点、终点、宽度、高度与角度；还可设置长方形的线宽、颜色、线型等参数，如图 6-27 所示。

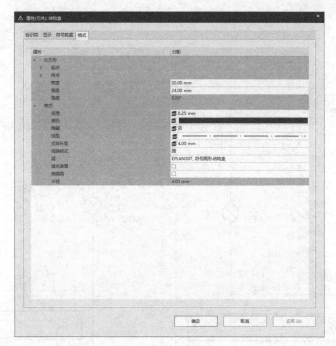

图 6-27 "格式"选项卡

6.2.2 修改结构盒

为符合电路设计要求需要为结构盒添加空白区域，步骤如下。

选择菜单栏中的"选项"→"设置"命令，系统弹出"设置"对话框，在"项目"→"项目名称"→"图形的编辑"→"常规"选项下，勾选"绘制带有空白区域的结构盒"复选框，如图 6-28 所示。

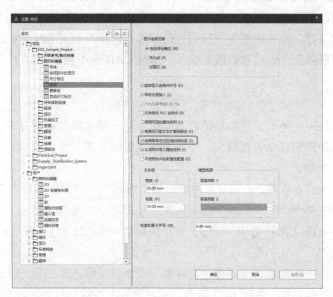

图 6-28 "设置"对话框

完成设置后，在原理图中添加结构盒，修改前的结构盒如图 6-29 所示。向内移动设备标识符，结构盒显示带有空白区域，如图 6-30 所示。

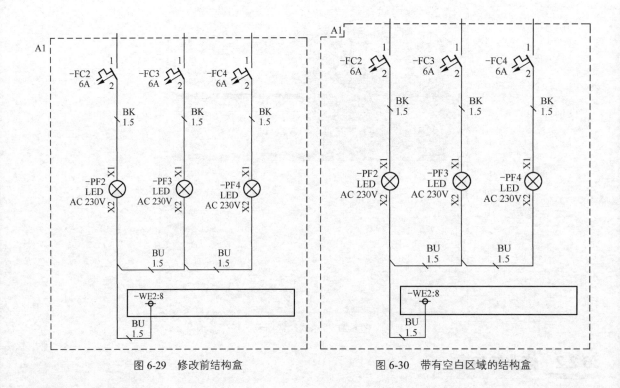

图 6-29　修改前结构盒　　　　　　　　　　图 6-30　带有空白区域的结构盒

6.3 宏设计

EPLAN Electric P8 2022 依靠宏技术创建了针对电路的窗口宏、针对部件的图形宏，可以帮助用户方便快速地实现电路原理图的搭建。宏文件具有电气逻辑性，可以包含电路参数、元器件型号、线路的电位、电缆的参数、相关属性等一系列信息。因此，用户利用 EPLAN Electric P8 2022 可以准确、细致地设计信息量庞大的项目的所有细节，这是 CAD 远不能及的。

6.3.1 创建宏

在原理图设计过程中，电气工程师经常会重复使用的一些电路的被保存的、可调用的模块被称为宏，如果每次都重新绘制这些电路模块，不仅造成大量的重复工作，而且这些电路模块及其信息要占据相当大的磁盘空间。

框选图 6-31 所示的电路对象，选择菜单栏中的"编辑"→"创建窗口宏/符号宏"命令，或单击功能区"主数据"选项卡"宏"面板中的"创建"按钮，或在选中电路上单击鼠标右键，在弹出的菜单中选择"创建窗口宏/符号宏"命令，或按快捷组合键<Ctrl+5>，系统将弹出如图 6-32 所示的"另存为"对话框。

在"目录"文本框中输入宏目录，在"文件名"文本框中输入宏名称，单击"…"按钮，系统弹出宏类型"另存为"对话框，如图 6-33 所示，用户可以在该对话框中选择文件类型、文件目录、文件名称，宏的图形符号与描述信息也会在该对话框中显示。

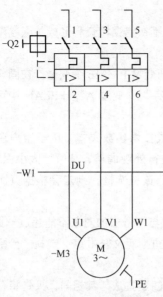

图 6-31　电路对象

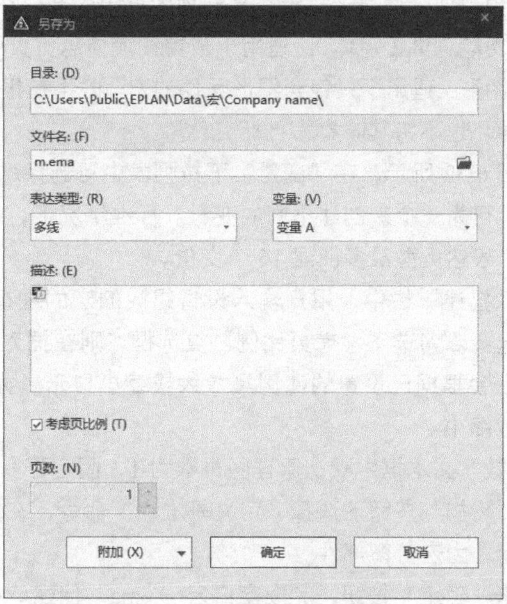

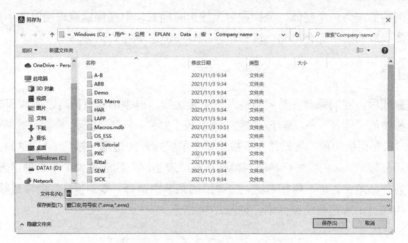

图 6-32　"另存为"对话框

图 6-33　宏类型"另存为"对话框

宏类型在"表达类型"下拉列表中显示。宏的表达类型用于排序,有助于用户管理宏,但对宏中的功能没有影响。

- 多线:适用于放置在多线原理图页上的宏。
- 多线流体:适用于放置在流体工程原理图页中的宏。
- 总览:适用于放置在总览页上的宏。
- 成对关联参考:适用于实现成对关联参考的宏。
- 单线:适用于放置在单线原理图页上的宏。
- 拓扑:适用于放置在拓扑图页上的宏。
- 管道及仪表流程图:适用于放置在管道及仪表流程图页中的宏。
- 功能:适用于放置在功能原理图页中的宏。

- 安装板布局：适用于放置在安装板上的宏。
- 预规划：适用于放置在预规划图页中的宏。在预规划宏中"考虑页比例"不可激活。
- 功能总览（流体）：适用于放置在流体总览页中的宏。
- 图形：适用于只包含图形元件的宏。既不在报表中，也不在错误检查和形成关联参考时考虑图形元件，也不将其收集为目标。

如图 6-32 所示，在"变量"下拉列表中可选择从变量 A 到变量 P 的 16 个变量。在同一个文件名称下，可为一个宏创建不同的变量。标准情况下，宏默认保存为"变量 A"。EPLAN 中可为一个宏的每个表达类型最多创建 16 个变量。

在"描述"栏中，用户输入设备组成的宏的注释性文本或技术参数文本，用于用户在选择宏时方便选择。勾选"考虑页比例"复选框，则在插入宏时会进行外观调整，其原始大小保持不变，但在页上会根据已设置的比例尺放大或缩小显示。如果未勾选该复选框，则宏会根据页比例相应地放大或缩小。

"页数"文本框中默认原理图页数为 1，固定不变。窗口宏与符号宏的对象不能超过一页。

在"附加"按钮下选择"定义基准点"命令，在创建宏时重新定义基准点；选择"分配部件数据"命令，为宏分配部件。

单击"确定"按钮，完成窗口宏".ema"创建。符号宏的创建方法与其相同，只是将符号宏后缀名改为".ems"即可。

在目录下创建的宏为一个整体，分别在后面使用时插入，但在创建原理图时选中的宏是部分电路，而不是整体。取消选中部分电路，设备与连接导线仍是单独的个体。

6.3.2　宏边框

当宏绘制完成后，我们需要在其周围插入一个宏边框，框中的所有内容都是属于这个宏的。

选择菜单栏中的"插入"→"盒子/连接点/安装板（M）"→"宏边框"命令，或单击功能区"主数据"选项卡"宏"面板中的"导航器"下拉按钮中的"插入宏边框"按钮，这时光标变成十字形状并附带宏边框符号，将光标移动到需要放置"宏边框"的起点处，单击确定宏边框的角点，再次单击确定另一个角点，单击鼠标右键，在弹出的菜单中选择"取消操作"命令或按<Esc>键，退出当前宏边框的绘制，宏边框绘制完毕，如图 6-34 所示。

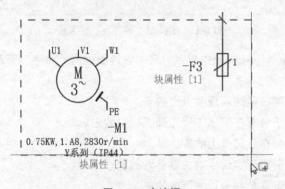

图 6-34　宏边框

双击宏边框，打开"属性（元件）：宏边框"对话框，如图 6-35 所示，可以设置使用类型、表达类型、变量等参数。

图 6-35 "属性（元件）: 宏边框"对话框

打开 "显示"选项卡，默认情况下，宏边框上不显示属性，如图 6-36 所示。但是宏的创建人员有时候为了查看方便，会通过"新建"按钮，在宏边框上创建属性，如宏名称与宏变量。当生成为宏文件之后，宏边框的这些属性也会默认显示，如图 6-37 所示。

图 6-36 "显示"选项卡

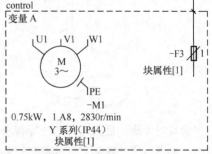

图 6-37 宏名称与宏变量

6.3.3 插入宏

选择菜单栏中的"插入"→"窗口宏/符号宏"命令，或按快捷键<M>，系统将弹出如图 6-38 所示的"选择宏"对话框，并在之前的保存目录下选择创建的".ema"宏文件。

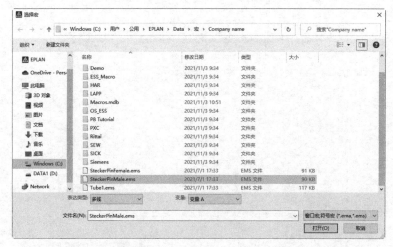

图 6-38　"选择宏"对话框

单击"打开"命令，此时光标变成十字形状并附加选择的宏符号，如图 6-39 所示，将光标移动到需要插入宏的位置上，在原理图中单击鼠标确定插入宏。此时系统自动弹出"插入模式"对话框，在该对话框中选择插入宏的标示符编号格式与编号方式，如图 6-40 所示。此时光标仍处于插入宏的状态，重复上述操作可以继续插入其他的宏。宏插入完毕，单击鼠标右键，在弹出的菜单中选择"取消操作"命令或按<Esc>键即可退出该操作步骤。

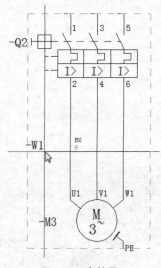

图 6-39　宏符号

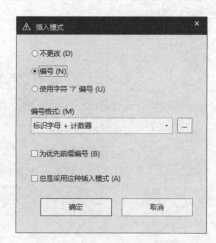

图 6-40　"插入模式"对话框

我们可以发现，插入宏后的电路模块与原电路模块相比，仅多了一个虚线组成的边框，称之为宏边框，宏通过宏边框储存宏的信息，如果原始宏项目中的宏发生改变，我们可以通过宏边框来更新项目中的宏。

在"设置"对话框中，在项目设置部分的"常规"选项卡中，勾选"带宏边框插入"复选框，如图 6-41 所示，将宏插入原理图项目中时，EPLAN 会自动添加宏边框。

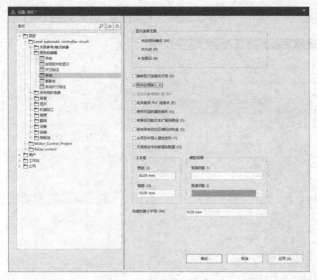

图 6-41　"设置"对话框

6.4　操作实例——创建宏项目文件

1. 创建项目

（1）选择菜单栏中的"项目"→"新建"命令，弹出如图 6-42 所示的"创建项目"对话框，在"项目名称"文本框中输入要创建的项目名称"ELC_Macro_Project"，在"保存位置"一栏选择项目文件的路径"$(MD_PROJECTS)"，在"基本项目"下拉列表中选择带 GB 标识结构的基本项目"GB_bas001.zw9"。

图 6-42　"创建项目"对话框

（2）单击"确定"按钮，系统弹出"项目属性"对话框，显示当前项目的图纸的属性。在"属性名-数值"列表中单击"项目类型"右侧的下拉按钮，选择"宏项目"，如图 6-43 所示，单击"确定"按钮，关闭对话框。

（3）在"页"导航器中显示新项目"ELC_Macro_Project.elk"，选择标题页"1 首页"，单击鼠标右键，在弹出的菜单中选择"删除"命令，删除该图纸页，结果如图 6-44 所示。

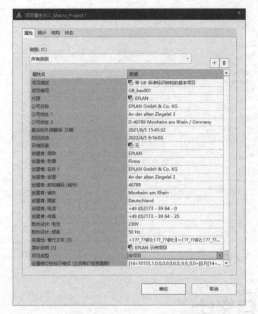

图 6-43 "项目属性"对话框

图 6-44 创建新项目

2. 创建图纸页

（1）在"页"导航器中项目名称上单击鼠标右键，在弹出的菜单中选择"新建"命令，弹出 "新建页"对话框，在该对话框中的"完整页名"文本框内默认电路图纸页名称为"1"。

（2）在 "完整页名"文本框中单击右侧"…"按钮，系统弹出"完整页名"对话框，设置高层代号"A100"与位置代号"001"，单击"确定"按钮，关闭对话框，"完整页名"显示为"=A100+001/1"。

（3）在"新建页"对话框中的"页类型"下拉列表中选择"多线原理图（交互式）"选项，在"页描述"文本框中输入"电流继电器"，如图 6-45 所示。

图 6-45 "新建页"对话框

（4）单击"应用"按钮，继续添加"安装板布局（交互式）"类型的图纸页"=A100+001/2"。单击"确定"按钮，完成图纸页添加，在"页"导航器中显示添加图纸结果，双击该图纸页进入编辑环境，新建图纸页文件如图 6-46 所示。

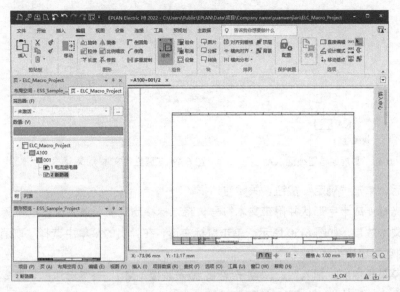

图 6-46　新建图纸页文件

3. 创建符号宏

（1）打开"=A100+001/1 电流继电器"，选择菜单栏中的"插入"→"符号"命令，系统将弹出如图 6-47 所示的"符号选择"对话框，选择常规继电器线圈 KA，如图 6-48 所示。

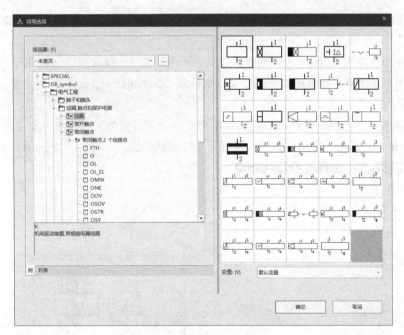

图 6-47　"符号选择"对话框

（2）选择菜单栏中的"插入"→"图形"→"文本"命令，系统弹出"属性（文本）"对话框，在"文本"文本框中输入"I<"，如图 6-49 所示。

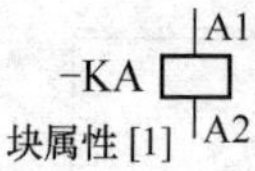

-KA
块属性 [1]

图 6-48　常规继电器线圈 KA

图 6-49　"属性（文本）"对话框

完成设置后，单击"确定"按钮，关闭对话框。

（3）这时光标变成十字形状并附带文本符号，将光标移动到需要放置文本的位置，单击鼠标左键，完成当前文本放置，如图 6-50 所示。单击鼠标右键，在弹出的菜单中选择"取消操作"命令或按<Esc>键，便可退出该操作步骤。

（4）选择菜单栏中的"插入"→"盒子/连接点/安装板（M）"→"宏边框"命令，在放置的元件外绘制适当大小的宏边框，如图 6-51 所示。

-KA
块属性 [1]

-KA
块属性 [1]

图 6-50　放置文本

图 6-51　绘制宏边框

（5）单击功能区"编辑"选项卡"组合"面板下的"组合"按钮，将上面绘制的所有对象组合为一个整体。

（6）选择菜单栏中的"编辑"→"创建窗口宏/符号宏"命令，框选图 6-51 所示已绘制的对象，系统弹出"另存为"对话框，如图 6-52 所示，输入文件名"dianliujidianqi.ema"，在"描述"文本框中输入"电流继电器"。

（7）在"附加"下拉菜单中选择"定义基准点"命令，以元件下端点左下角点作为基准点，如图 6-53 所示。单击"确定"按钮，关闭对话框，完成宏的创建。

图 6-52　"另存为"对话框 1

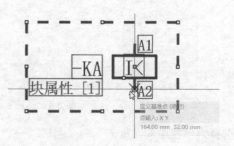

图 6-53　选择基准点

4. 创建部件宏

（1）打开"=A100+001/2 断路器"，选择菜单栏中的"插入"→"窗口宏/符号宏"命令，系统将弹出如图 6-54 所示的宏"选择宏"对话框，在文件目录中选择"5SY4106-5.ema"宏文件。

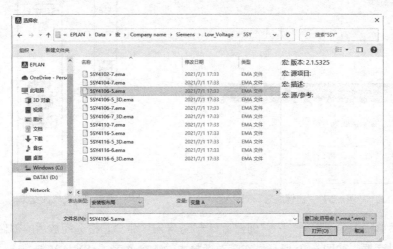

图 6-54 "选择宏"对话框

（2）单击"打开"命令，在原理图中单击鼠标左键确定插入宏，如图 6-55 所示。双击宏符号，系统弹出"属性（元件）：部件放置"对话框，在"格式"选项卡中修改宽度和高度，如图 6-56 所示。

图 6-55 插入宏

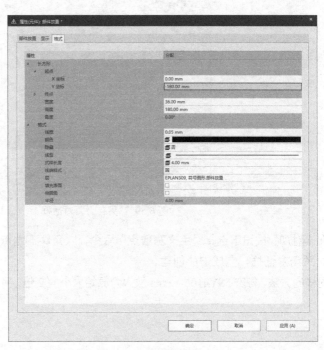

图 6-56 "格式"选项卡

（3）选中宏，单击功能区"编辑"选项卡"图形"面板中的"比例缩放"按钮，系统弹出"比例缩放"对话框，如图 6-57 所示，在该对话框中将"缩放比例因数"设置置为 2。调整宏边框大小，结果如图 6-58 所示。

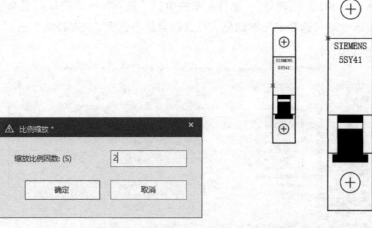

图 6-57 "比例缩放"对话框　　　　图 6-58　宏修改结果

（4）选择菜单栏中的"编辑"→"创建窗口宏/符号宏"命令，框选缩放后的部件对象，系统弹出"另存为"对话框，如图 6-59 所示，在该对话框中输入文件名"5SY4106-5-1.ema"。

图 6-59　"另存为"对话框 2

（5）在"附加"按钮下选择"定义基准点"命令，以元件下端点左侧中点作为基准点，单击"确定"按钮，关闭对话框，完成宏的创建。

使用同样的方法，将宏 5SY4106-5.ema 放大为原始大小的 2 倍，另存为宏文件"5SY4106-5-2.ema"。

第 7 章

报表生成

内容简介

原理图设计完成后，经常需要输出一些数据或图纸。报表是以一种图形表格方式生成、输出的一类项目图纸页，本节将介绍 EPLAN Electric P8 2022 中报表的设置、生成、操作与不同格式文件的输出。

内容要点

- 报表设置
- 报表生成
- 报表操作
- 图纸输出

7.1 报表设置

EPLAN Electric P8 2022 中，几张报表有可能单独成页，也有可能在同一页。具体如何设置，需要在"设置"对话框中进行定义。

选择菜单栏中的"选项"→"设置"命令，系统弹出"设置"对话框，选择"项目"→"myproject"→"报表"选项，其子菜单包括"显示/输出""输出为页""部件"3 个选项卡，"设置：报表"对话框如图 7-1 所示。

图 7-1　"设置：报表"对话框

7.1.1 显示/输出

打开"显示/输出"选项卡,设置报表的显示与输出格式。在该选项卡中可以进行报表的有关选项设置。

- 相同文本替换为:对于相同文本,为避免重复显示,使用"="替代。
- 可变数值替换为:用于对项目中占位符对象的控制,在部件汇总表中,替代当前的占位符文本。
- 输出组的起始页偏移量:作为添加的报表变量。
- 输出组填入设备标识块:与属性设置对话框中的"输出组"组合使用,作为添加的报表变量。
- 电缆、端子/插头:处理最小数量记录数据时,允许制定项目数据输出。
- 电缆表格中读数的符号:在端子图表中,使用制定的符号替代芯线颜色。

7.1.2 输出为页

在"设置"对话框中打开"输出为页"选项卡,预定设置表格,如图 7-2 所示。在该选项卡中用户可以进行报表有关的选项设置。

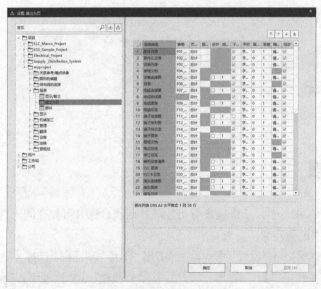

图 7-2 "输出为页"选项卡

- 报表类型:默认情况下系统提供所有报表类型,根据项目要求,选择需要生成的项目类型。
- 表格:确定表格模板,单击按钮,选择"浏览"命令,系统弹出如图 7-3 所示的"选择表格"对话框,用于选择表格模板,激活"预览"复选框,预览表格,单击"打开"按钮,导入选中的表格。
- 页分类:确定输出的图纸页报表的保存结构,单击"…"按钮,系统弹出"页分类-部件列表"对话框,如图 7-4 所示,用户在该对话框中设置排序依据。
- 部分输出:根据"页分类"设置,为每一个高层代号生成一个同类的部分报表。
- 合并:将分散在不同页上的表格合并在一起。
- 报表行的最小数量:指定到达换页前生成数据集的最小行数。

- 子页面：输出报表时，报表页名用子页名命名。
- 字符：定义子页的命名格式。

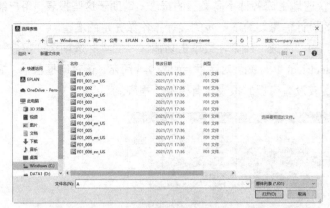

图 7-3 "选择表格"对话框

图 7-4 "页分类-部件列表"对话框

7.1.3 部件

打开"部件"选项卡，如图 7-5 所示，该选项卡用于在输出项目数据生成报表时对部件进行处理。在该选项卡中可以进行报表的有关选项设置。

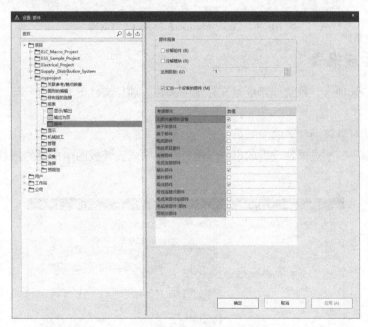

图 7-5 "部件"选项卡

- 分解组件：勾选该复选框，生成报表时，系统分解组件。
- 分解模块：勾选该复选框，生成报表时，系统分解模块。
- 达到级别：生成报表时，可以定义系统分解组件和模块的级别，默认级别为 1。
- 汇总一个设备的部件：合并多个元件为同一设备编号。

7.2 报表生成

EPLAN 具有丰富的报表功能，可以快速地生成各种不同类型的报表。借助于这些报表，用户能够从不同的角度，更好地掌握整个项目的设计信息，为下一步的设计工作做充足的准备。

选择菜单栏中的"工具"→"报表"→"生成"命令，或单击功能区"工具"选项卡"报表"面板中的"生成"按钮，弹出"报表-Electrical_Project"对话框，如图 7-6 所示，该对话框包括"报表"和"模板"两个选项卡，分别用于生成没有模板的报表与有模板的报表。

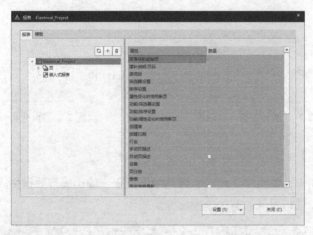

图 7-6 "报表-Electrical_Project"对话框

7.2.1 自动生成报表

打开"报表"选项卡，系统显示项目文件下的文件。项目文件下有"页"与"嵌入式报表"两个选项。

- "页"选项对应该项目下的图纸页信息，如图 7-7 所示。
- "嵌入式报表"不是单独成页的报表，是在原理图或安装板图中放置的报表，只统计本图纸中的部件。

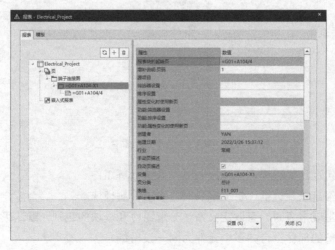

图 7-7 "页"选项

单击"新建"按钮⊞，打开"确定报表"对话框，如图 7-8 所示。

图 7-8 "确定报表"对话框

（1）在"输出形式"下拉列表中的可选择项如下。

- 页：表示报表一页一页显示。
- 手动放置：在图页中插入嵌入式报表。

（2）源项目：选择需要的项目。

（3）选择报表类型：选择生成报表的类型。

（4）当前页：生成当前页的报表。

（5）手动选择：不勾选该复选框，生成的报表包含所有柜体；勾选该复选框，包括多个机柜时，生成选中机柜的报表。

单击图 7-7 中的"设置"按钮，在该按钮下有 3 个命令，分别为"显示/输出""输出为页"和"部件"，用于设置报表格式。

7.2.2 按照模板生成报表

一个项目可建立多个报表（部件汇总、电缆图表、端子图表、设备列表），若以后使用同样的报表格式，我们就可以建立报表模板。报表模板只是保存了生成报表的规则（筛选器、排序）、格式（报表类型）、操作步骤、放置路径，并不生成报表。

打开"模板"选项卡，用户在此选项卡下可以定义项目文件生成的报表种类，如图 7-9 所示。

此处新建报表的方法与 7.2.1 节相同，这里生成模板文件，模板自动命名为 0001，为方便识别模板文件，用户可以为模板文件添加描述性文字。

图 7-9 "模板"选项卡

7.3 报表操作

完成报表模板文件的设置后，可直接生成目的报表文件，也可以对报表文件进行其余操作，包括报表的更新等。

1. 报表的更新

当原理图被更改时，已经生成的报表也要及时更新。

选择菜单栏中的"工具"→"报表"→"更新"命令或单击功能区"工具"选项卡下"报表"面板中的"更新"按钮 ，系统自动更新报表文件。

2. 生成项目报表

选择菜单栏中的"工具"→"报表"→"生成项目报表"命令，或单击功能区"工具"选项卡下"报表"面板中的"生成项目报表"按钮 ，系统自动生成所有报表模板文件。

3. 生成报表项目

选择菜单栏中的"工具"→"报表"→"生成报表项目"命令，系统弹出"生成报表项目"对话框，如图 7-10 所示，在该对话框中输入项目名称，单击"保存"按钮，系统生成报表模板项目，如图 7-11 所示。

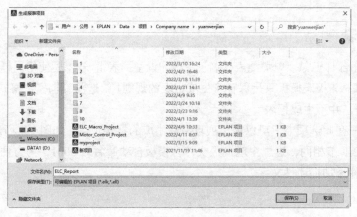

图 7-10 "生成报表项目"对话框

图 7-11 生成报表模板项目

7.4 图纸输出

原理图设计完成后，经常需要输出一些方便打开的图纸，便于后续执行和查看。图纸的导出格式有很多种，其中 PDF 是常见的格式。工程师在现场查错的时候，不需要打开 EPLAN 软件，直接在 PDF 格式的图纸上单击需要检查的符号，系统可以自动跳转到与之相关的地方，方便工程师查错。

7.4.1 设置接口参数

选择菜单栏中的"选项"→"设置"命令，系统弹出"设置"对话框，选择"用户"→"接口"选项，打开"接口"选项卡设置接口文件的参数，如图 7-12 所示。

在该选项卡下显示导入/导出的不同类型的文件，也可编辑文件类型，对其进行管理，方便用户使用不同类型的文件。对于特殊设置，在使用特定命令时，再进行设置。

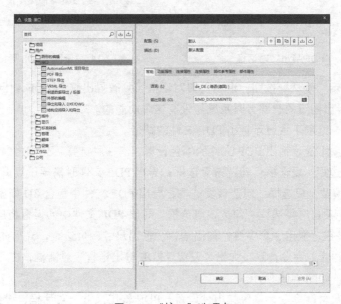

图 7-12 "接口"选项卡

7.4.2 导出 PDF 文件

在绘制电气原理图的过程中，用户经常会使用"PDF 导出"功能，打开导出的 PDF 文件后，单击中断点，系统可以跳转到关联参考的目标，同时会对图纸进行放大，这对审图有很大帮助。

在"页"导航器中选择需要导出的图纸页，选择菜单栏中的 "页"→"导出"→"PDF.."命令，弹出"PDF 导出"对话框，如图 7-13 所示。

（1）在"源（页/3D 模型）"下拉列表中会显示选中的图纸页。

（2）选择"配置"后面的"…"按钮，切换到"设置：PDF 导出"对话框，如图 7-14 所示。

选择"常规"选项卡，若勾选"使用缩放"复选框并输入缩放级别，则导出的 PDF 文件则根据要求缩放图纸。若想使得跳转页显示整个页面，则需要输入接近页面宽度 297 的值，如输入 300。

勾选"简化的跳转功能"复选框，整个项目的所有跳转功能都将得到简化，只能跳转到对应主功能处。

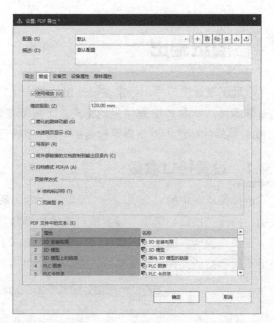

图 7-13 "PDF 导出"对话框 图 7-14 "设置：PDF 导出"对话框

单击图 7-14 所示"确认"按钮，退出设置对话框，只有导出整个 PDF 项目文件时系统才会有图纸跳转功能，只导出图纸的一部分时系统是没有这个功能的。

（3）"输出目录"选项下会显示导出 PDF 文件的路径。

① "输出"选项下显示输出 PDF 文件的颜色设置，有 3 种选择，分别为黑白、彩色或灰度。

② "使用打印边距"复选框：勾选该复选框，导出 PDF 文件时需要设置页边距。

③ "输出 3D 模型"复选框：勾选该复选框，导出 PDF 文件中包含 3D 模型。

④ "应用到整个项目"复选框：勾选该复选框，导出 PDF 文件中的设置将应用到整个项目中。

单击"设置"按钮，显示 3 个命令：输出语言、输出尺寸、页边距，介绍如下。

- 选择"输出语言"命令，系统弹出"设置：PDF 输出语言"对话框，在"语言"栏选择导出的 PDF 文件的语言，如图 7-15 所示。

- 选择"输出尺寸"命令，系统弹出"设置：PDF 输出尺寸"对话框，设置导出的 PDF 文件的尺寸及缩放尺寸，如图 7-16 所示。

- 选择"页边距"命令，系统弹出"设置：页边距"对话框，设置导出的 PDF 文件的页边距（左、右、上、下），如图 7-17 所示。

图 7-15 "设置：PDF 输出语言"对话框 图 7-16 "设置：PDF 输出尺寸"对话框

完成设置后,单击"确定"按钮,生成 PDF 文件,如图 7-18 所示。

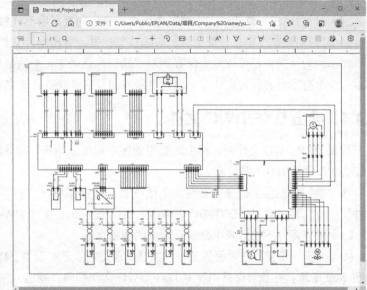

图 7-17 "设置:页边距"对话框   图 7-18 生成 PDF 文件

7.4.3 导出图片文件

可以以不同的图片格式输出原理图,输出格式包括 BMP、GIF、JPG、PNG 和 TIFF。可以导出一个单独的图纸页,也可以制定文件名。导出多个图纸页时,系统不能自主分配文件名,需要使用代号替代。

在"页"导航器中选择需要导出的图纸页,选择菜单栏中的"页"→"导出"→"图片文件"命令,系统弹出"导出图片文件"对话框,导出图片文件,如图 7-19 所示。

(1)在"源"下拉列表中会显示选中的图纸页。

(2)选择"配置"栏后面的"…"按钮,切换到"设置:导出图片文件"对话框,如图 7-20 所示,在该对话框中设置图片文件的"目标目录""文件类型""压缩""颜色深度""宽度"。

图 7-19 "导出图片文件"对话框

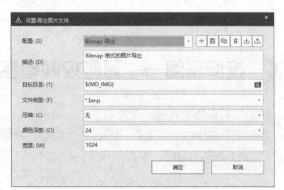

图 7-20 "设置:导出图片文件"对话框

单击"确定"按钮，退出此对话框。

（3）"目标目录"选项下会显示导出 PDF 文件的路径。

（4）"黑白输出"复选框：原理图中所有元素以白底黑字形式输出图片文件。

（5）"应用到整个项目"复选框：勾选该复选框，导出图片文件中的设置将应用于整个项目。

输出的图片文件每页独立地保存到制定的目标目录下，若输出整个项目，则需要在目标目录下创建一个带有项目名称的文件夹，同时将所有图片文件保存在该文件夹下。

7.4.4　导出 DXF/DWG 文件

导出 DXF/DWG 文件时，需要设置原理图中的层、颜色、字体和线型，这些设置完成后，方便 DXF/DWG 文件的导入和导出。

在"页"导航器中选择需要导出的图纸页，选择菜单栏中的"页"→"导出"→"DXF/DWG 文件"命令，系统弹出"DXF/DWG 导出"对话框，导出 DXF/DWG 文件，如图 7-21 所示。

（1）在"源"下拉列表中会显示选中的图纸页。

（2）选择"配置"栏后面的"…"按钮，系统切换到"设置：DXF/DWG 导出和导入"对话框，如图 7-22 所示，在该对话框中设置 DXF/DWG 文件的层、颜色、字体、线型、块定义和块特性等。

可以通过拖曳的方法把 DXF/DWG 文件插入原理图。

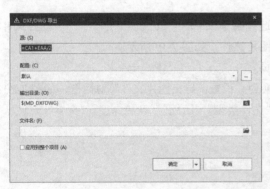

图 7-21　"DXF/DWG 导出"对话框

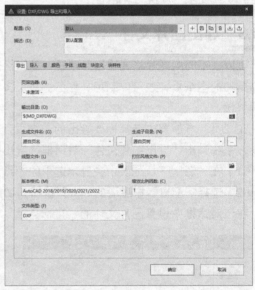

图 7-22　"设置：DXF/DWG 导出和导入"对话框

7.5　操作实例——箱柜控制电路报表操作　◀◀◀◀

箱柜控制电路报表操作步骤如下。

选择菜单栏中的"项目"→"打开"命令，系统弹出"项目"对话框，打开箱柜控制电路项目文件"ZXQ_Project.elk"，双击"=CA1+EAR/1 执行器控制系统"，进入原理图编辑环境，如图 7-23 所示。

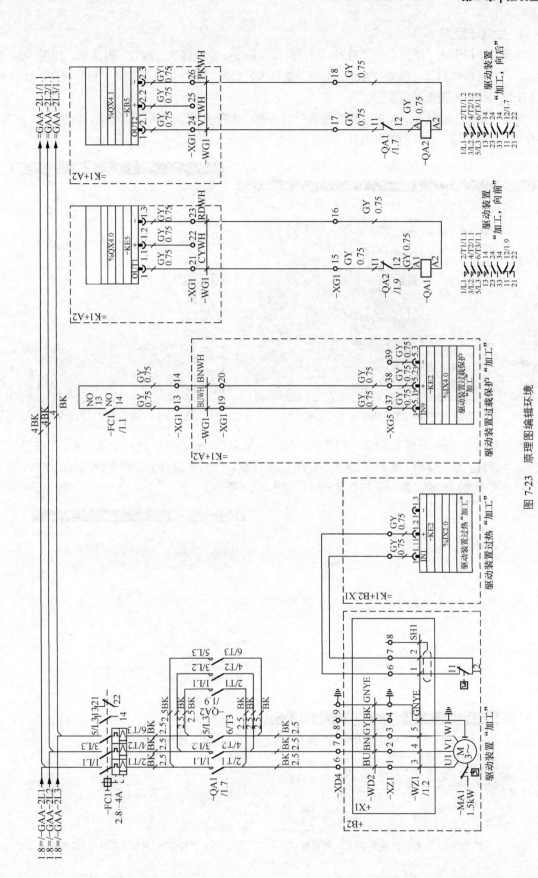

图 7-23　原理图编辑环境

1. 生成标题页

选择菜单栏中的"工具"→"报表"→"生成"命令，系统弹出"报表"对话框，如图 7-24 所示，在该对话框中打开"报表-ZXQ_Project"选项卡，选择"页"选项，展开"页"选项，此时界面显示该项目下的图纸页为空。

单击"新建"按钮 ⬚，打开"确定报表"对话框，选择"标题页/封页"选项，如图 7-25 所示。单击"确定"按钮，完成图纸页选择。

图 7-24 "报表–ZXQ_Project"对话框 1

图 7-25 "确定报表"对话框 1

系统弹出"设置–标题页/封页"对话框，如图 7-26 所示。选择筛选器，单击"确定"按钮，完成图纸页设置。系统弹出"标题页/封页（总计）"对话框，如图 7-27 所示，显示标题页的结构设计，在该对话框中选择当前高层代号与位置代号，如图 7-27 所示。

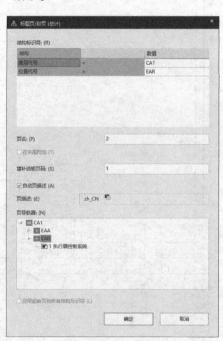

图 7-27 "标题页/封页（总计）"对话框

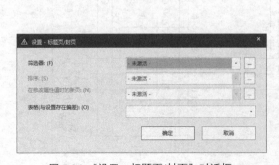

图 7-26 "设置：标题页/封页"对话框

单击"确定"按钮，完成图纸页设置，返回"报表-ZXQ_Project"对话框，在"页"选项下添加标题页，如图 7-28 所示。单击"确定"按钮，关闭对话框，完成标题页的添加，添加的标题页在"页"导航器下显示，如图 7-29 所示。

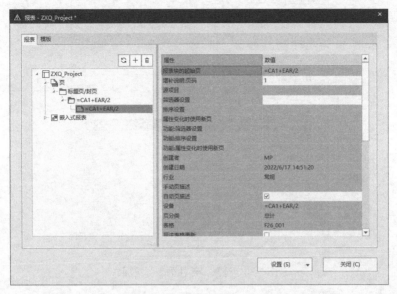

图 7-28 "报表-ZXQ_Project"对话框 2

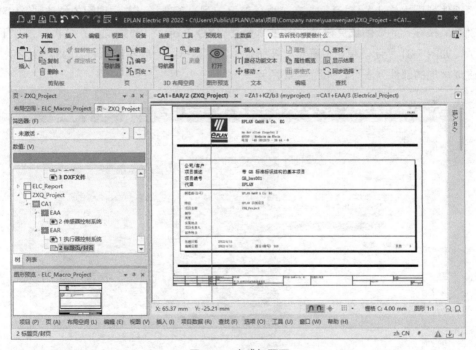

图 7-29 生成标题页

2. 生成部件列表

在"报表-ZXQ_Project"对话框中的"页"选项下单击"新建"按钮 ⊞，打开"确定报表"对话框，选择"部件列表"选项，如图 7-30 所示。单击"确定"按钮，完成图纸页选择。

图 7-30　选择"部件列表"选项

　　系统弹出"设置：部件列表"对话框，选择筛选器，单击"确定"按钮，完成图纸页设置。系统弹出"部件列表（总计）"对话框，在"页导航器"列表下选择当前原理图的位置"CA1-EAR"。单击"确定"按钮，完成图纸页设置，返回"报表-ZXQ_Project"对话框，在"页"选项下添加部件列表页，如图 7-31 所示。单击"确定"按钮，关闭对话框，完成部件列表页的添加，在"页"导航器下生成添加的部件列表页，如图 7-32 所示。

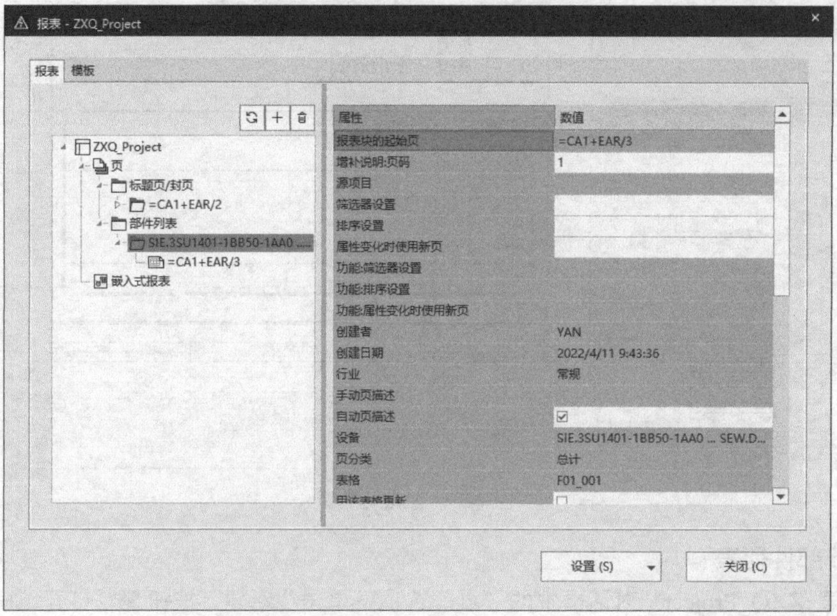

图 7-31　"报表"对话框 3

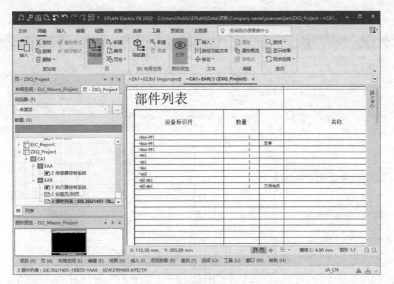

图 7-32 生成部件列表页

3. 生成端子图表

系统默认报表自动生成端子图表（或电缆图表），一个端子排一页。

选择菜单栏中的"工具"→"报表"→"生成"命令，在"报表"对话框中"页"选项下单击"新建"按钮➕，打开"确定报表"对话框，在"选择报表类型"列表中选择"端子图表"选项，如图 7-33 所示。单击"确定"按钮，完成图纸页选择。

系统弹出"端子图表（总计）"对话框，如图 7-34 所示，单击"确定"按钮，关闭对话框，端子图表页生成，如图 7-35 所示。

图 7-33 "确定报表"对话框 2

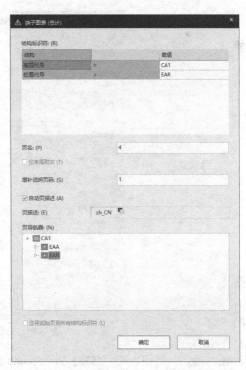

图 7-34 "端子图表（总计）"对话框

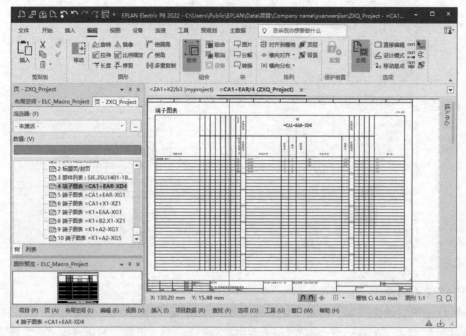

图 7-35　生成端子图表页

4. 导出 PDF 文件

在"页"导航器中选择需要导出的图纸页 1，选择菜单栏中的"页"→"导出"→"PDF.."命令，系统弹出"PDF 导出"对话框，如图 7-36 所示。

图 7-36　"PDF 导出"对话框

单击"确定"按钮，在"\ZXQ_Project.edb\DOC"目录下生成 PDF 文件，如图 7-37 所示。

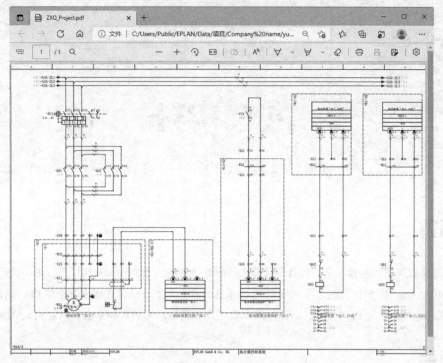

图 7-37　生成 PDF 文件

第 8 章

PLC 设计

内容简介

PLC（可编程逻辑控制器）是一种数字运算操作的电子系统，专为在工业环境下应用而设计。

EPLAN Electric P8 2022 提供了专门绘制 PLC 系统的命令，本章通过这些命令介绍 PLC 的设计方法，首先创建 PLC 系统的硬件 PLC 盒子，再通过添加数字式和模拟式的输入和输出，完成 PLC 的创建。

内容要点

- PLC 的基本结构
- PLC 盒子设备
- PLC 编址

8.1 PLC 的基本结构

PLC 作为一种在工业环境下应用的电子系统，和普通计算机有着相似的结构。但是由于使用场合、目的不同，二者在结构上又有一些差别。

8.1.1 PLC 的基本组成

PLC 基本组成框图如图 8-1 所示。

在图 8-1 中，PLC 的主机由中央处理器（CPU）、存储器（EPROM、RAM）、输入/输出（I/O）单元、扩展接口、通信接口及电源组成。对于整体式的 PLC，这些部件都在同一个机壳内，而对于模块式结构的 PLC，各部件独立封装，被称为模块，各模块通过机架和电缆连接在一起。主机内的各个部分均通过电源总线、控制总线、地址总线和数据总线连接。根据实际控制对象的需要，主机配备一定的外部设备可构成不同的 PLC 控制系统。PLC 可以配置通信模块与上位机与其他 PLC 进行通信，构成 PLC 的分布式控制系统。

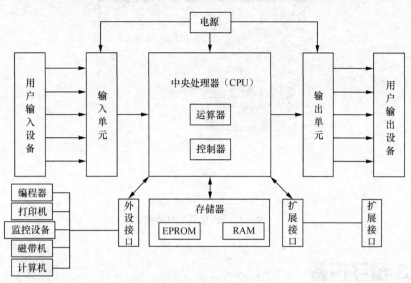

图 8-1　PLC 基本组成框图

8.1.2　PLC 控制系统的组成

PLC 控制系统由输入、输出、逻辑控制三部分组成，如图 8-2 所示。输入部分包括各种开关量信号（如按钮、行程开关等），输出部分包括各种执行元件（如接触器、电磁阀、指示灯等），逻辑控制部分主要指用户程序。

PLC 接收输入端信号后，通过执行用户程序来实现输入信号和输出信号之间的逻辑关系，并将程序的执行结果通过输出端输出来实现对设备的控制。

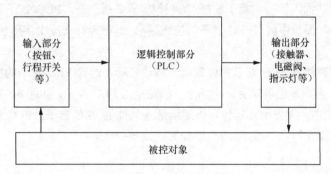

图 8-2　PLC 控制系统的组成

8.1.3　PLC 总览输出

在原理图页上单击鼠标右键，选择"新建"命令，系统弹出"新建页"对话框，在图纸中新建页，将"页类型"设置为"总览（交互式）"，如图 8-3 所示。建立总览页，绘制的部件总览是以信息汇总的形式出现的，不作为实际电气接点应用。

图 8-3 "新建页"对话框

8.2 PLC 盒子设备

EPLAN Electric P8 2022 中的 PLC 管理模块可以分开管理多个 PLC 系统，可以为 PLC 连接点重新分配地址，可以与不同的 PLC 配置程序交换 PLC 控制系统的配置数据。

在原理图编辑环境中，有专门的 PLC 命令与工具栏，如图 8-4 所示，各种 PLC 工具按钮与菜单中的各项 PLC 命令具有对应的关系。系统使用 PLC 盒子和 PLC 连接点来表达 PLC。

8.2.1 创建 PLC 盒子

在原理图中绘制各种 PLC 盒子，描述 PLC 系统的硬件。

选择菜单栏中的"插入"→"盒子连接点/连接板/安装板"→"PLC 盒子"命令，或单击"插入"选项卡的"设备"面板中的"PLC 盒子"按钮 ，此时光标变成十字形状并附加一个 PLC 盒子符号 。

将光标移动到需要插入 PLC 盒子的位置上，移动光标，选择 PLC 盒子的插入点，单击鼠标确定 PLC 盒子的角点，再次单击确定另一个角点，确定插入 PLC 盒子，如图 8-5 所示。此时光标仍处于插入 PLC 盒子的状态，重复上述操作可以继续插入其他的 PLC 盒子。PLC 盒子插入完毕，单击鼠标右键选择"取消操作"命令或按<Esc>键即可退出该操作。

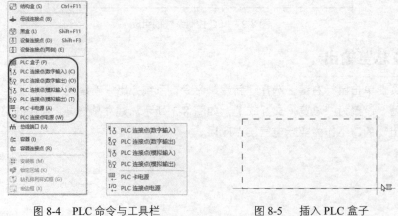

图 8-4 PLC 命令与工具栏   图 8-5 插入 PLC 盒子

在插入 PLC 盒子的过程中,用户可以对 PLC 盒子的属性进行设置。双击 PLC 盒子或在插入 PLC 盒子后,系统弹出如图 8-6 所示的 PLC 盒子属性设置对话框,用户可以在该对话框中对 PLC 盒子的属性进行设置。

（1）在"显示设备标识符"文本框中输入 PLC 盒子的编号,PLC 盒子名称可以是信号的名称,也可以是自定义的名称。

（2）打开"符号数据/功能数据"选项卡,如图 8-7 所示,在该选项卡中显示 PLC 盒子的符号数据,在"编号/名称"文本框中显示 PLC 盒子编号名称,单击此文本框右侧的"…"按钮,系统弹出"符号选择"对话框,在符号库中重新选择 PLC 盒子符号,如图 8-8 所示。

图 8-6 PLC 盒子属性设置对话框

图 8-7 "符号数据/功能数据"选项卡

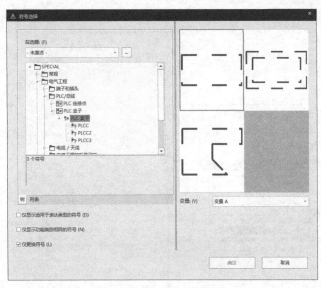

图 8-8 "符号选择"对话框

（3）打开"部件"选项卡,如图 8-9 所示,在该选项卡中可以看出 PLC 盒子中已添加部件。在左侧"部件编号-件数/数量"列表中显示添加的部件。单击"部件编号"栏空白行中的"…"按钮，系统弹出"部件选择"对话框，在该对话框中用户可以看到部件管理库，可浏览所有部件信息，为元件选择正确的部件。

图 8-9　"部件"选项卡

8.2.2　PLC 导航器

选择菜单栏中的"项目数据"→"PLC"→"导航器"命令，或单击"设备"选项卡的"PLC"面板中的"导航器"按钮，打开"PLC"导航器，如图 8-10 所示，导航器包括"树"标签与"列表"标签。"树"标签中包含项目所有 PLC 的信息，"列表"标签中显示配置信息。

在选中的 PLC 盒子上单击鼠标右键，系统弹出如图 8-11 所示的快捷菜单，该快捷菜单用于新建和修改 PLC 相关信息。

图 8-10　"PLC"导航器

图 8-11　快捷菜单

（1）选择"新建"命令，系统弹出"功能定义"对话框，如图 8-12 所示。选择 PLC 型号，创建一个新的 PLC，如图 8-13 所示，也可以选择一个相似的 PLC 执行"复制"命令，对其进行修改。

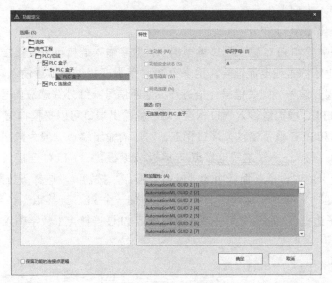

图 8-12　"功能定义"对话框

（2）直接将"PLC"导航器中的 PLC 连接点拖动到 PLC 盒子上，完成 PLC 连接点的放置，如图 8-14 所示。若需要插入多个连接点，可以在按住<Shift>键的同时选中所有要输入的连接点，拖动选中的连接点，将其放入电气图中即可。

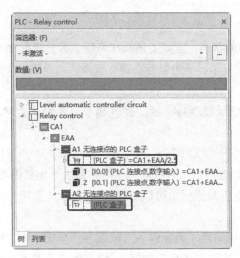

图 8-13　新建 PLC

图 8-14　拖动导航器中的 PLC 连接点

8.2.3　PLC 连接点

通常情况下，PLC 连接点代号在每张卡中仅允许出现一次，而在 PLC 中可多次出现。如果通过插头名称区分 PLC 连接点代号，则连接点代号允许在一张卡中多次出现。连接点描述在每个通道中只允许出现一次，而在每个卡中可出现多次。卡电源可具有相同的连接点描述。

在实际设计中，根据不同的传感器信号类型可将 PLC 连接点分为以下几种，如图 8-15 所示。

（1）PLC 数字输入（DI）

（2）PLC 数字输出（DO）

（3）PLC 模拟输入（AI）

（4）PLC 模拟输出（AO）

传感器信号类型需要和 PLC 输入端口类型相同，数字输入端口可以直接接数字信号。

- 模拟信号：电压信号或电流信号，用来给 PLC 等设备提供模拟量输入信号。
- 数字信号：阀开信号、阀关信号；接近开关通断信号；红外线感应信号等。

模拟量传感器和 PLC 模拟量输入端口相连，对应的输出端口可以是模拟信号也可以是数字控制信号。数字量传感器和 PLC 数字量输入端口相连，对应的输出端口一般为数字信号。

选择菜单栏中的"插入"→"盒子连接点/连接板/安装板"→"PLC 连接点（数字输入）"命令，或单击"插入"选项卡的"设备"面板中的"PLC 连接点"按钮 ，选择下拉菜单中的"PLC 连接点（数字输入）"按钮 ，此时光标变成十字形状并附加一个 PLC 连接点（数字输入）符号 。将光标移动到 PLC 盒子边框上，移动光标，单击鼠标确定 PLC 连接点（数字输入）的位置，如图 8-16所示。

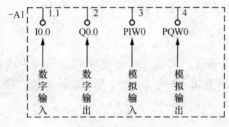

图 8-15　PLC 连接点

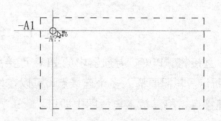

图 8-16　放置 PLC 连接点（数字输入）

此时光标仍处于放置 PLC 连接点（数字输入）的状态，重复上述操作可以继续放置其他的 PLC连接点（数字输入）。PLC 连接点（数字输入）放置完毕，单击鼠标右键，选择"取消操作"命令或按<Esc>键即可退出该操作步骤。

在光标处于放置 PLC 连接点（数字输入）的状态时按<Tab>键，旋转 PLC 连接点（数字输入）符号，变换 PLC 连接点（数字输入）模式。

在插入 PLC 连接点（数字输入）的过程中，用户可以对 PLC 连接点（数字输入）的属性进行设置。双击 PLC 连接点（数字输入）或在插入 PLC 连接点（数字输入）后，系统弹出如图 8-17 所示的 PLC 连接点（数字输入）属性设置对话框，在该对话框中可以对 PLC 连接点（数字输入）的属性进行设置。

- 在"显示设备标识符"文本框中输入 PLC 连接点（数字输入）的编号。单击"…"按钮，系统弹出如图 8-18 所示的"设备标识符"对话框，在该对话框中选择 PLC 连接点（数字输入）的标识符，完成选择后，单击"确定"按钮，关闭对话框，返回 PLC 连接点（数字输入）属性设置对话框。
- 在"连接点代号"文本框中输入 PLC 连接点（数字输入）代号 1。
- 在"地址"文本框中自动显示地址 I0.0。其中，PLC（数字输入）地址以 I 开头，PLC 连接点（数字输出）地址以 Q 开头，PLC 连接点（模拟输入）地址以 PIW 开头，PLC 连接点（模拟输出）地址以 PQW 开头。

PLC 连接点（数字输入）插入结果如图 8-19 所示。

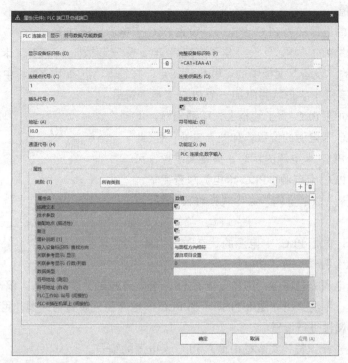

图 8-17　PLC 连接点（数字输入）属性设置对话框

图 8-18　"设备标识符"对话框

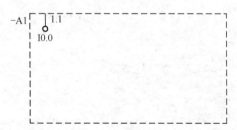

图 8-19　PLC 连接点（数字输入）插入结果

　　PLC 连接点（数字输出）、PLC 连接点（模拟输入）、PLC 连接点（模拟输出）的插入方法与 PLC 连接点（数字输入）的插入方法相同，这里不再赘述。

8.2.4　PLC 卡电源和 PLC 连接点电源

　　在 PLC 设计中，为避免传感器故障对 PLC 本体的影响，用户应确保安全回路切断 PLC 输出端时，PLC 通信系统仍然能够正常工作，对 PLC 电源和通道电源分开供电。

1. PLC 卡电源

为 PLC 卡供电的电源称为 PLC 卡电源，设置 PLC 卡电源步骤如下。

（1）选择菜单栏中的"插入"→"盒子连接点/连接板/安装板"→"PLC 卡电源"命令，或单击"插入"选项卡的"设备"面板中的"PLC 连接点"按钮，选择下拉菜单中的"PLC 卡电源"按钮，此时光标变成十字形状并附加一个 PLC 卡电源符号。

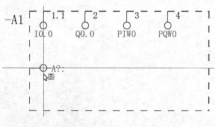

（2）将光标移动到 PLC 盒子边框上，移动光标，单击鼠标左键确定 PLC 卡电源的位置，如图 8-20 所示。此时光标仍处于放置 PLC 卡电源的状态，重复上述操作可以继续放置其他的 PLC 卡电源。PLC 卡电源放置完毕，单击鼠标右键，选择"取消操作"命令或按<Esc>键即可退出该操作。

图 8-20　放置 PLC 卡电源

（3）在光标处于放置 PLC 卡电源的状态时按<Tab>键，旋转 PLC 卡电源符号，变换 PLC 卡电源模式。

在插入 PLC 卡电源的过程中，用户可以对 PLC 卡电源的属性进行设置。双击 PLC 卡电源或在插入 PLC 卡电源后，系统弹出如图 8-21 所示的 PLC 卡电源属性设置对话框，用户可以在该对话框中对 PLC 卡电源的属性进行设置。

- 在"显示设备标识符"文本框中输入 PLC 卡电源的编号。
- 在"连接点代号"文本框中输入 PLC 卡电源连接代号 3。
- 在"连接点描述"文本框中输入 PLC 卡电源符号，如 DC、L+、M。

结果如图 8-22 所示。

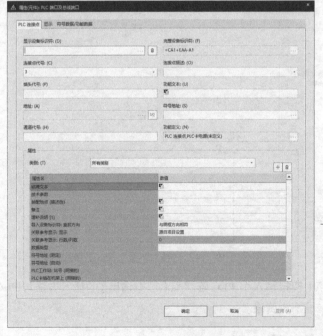

图 8-21　PLC 卡电源属性设置对话框

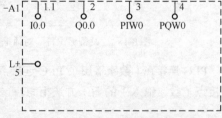

图 8-22　PLC 卡电源插入结果

2. PLC 连接点电源

为 PLC I/O 通道供电的电源为 PLC 连接点电源，设置 PLC 连接点电源步骤如下。

（1）选择菜单栏中的"插入"→"盒子连接点/连接板/安装板"→"PLC 连接点电源"命令，或单击"插入"选项卡的"设备"面板中的"PLC 连接点"按钮 ，选择下拉菜单中的"PLC 连接点电源"按钮 ，此时光标变成十字形状并附加一个 PLC 连接点电源符号 。将光标移动到 PLC 盒子边框上，移动光标，单击鼠标左键确定 PLC 连接点电源的位置。

（2）此时光标仍处于放置 PLC 连接点电源的状态，重复上述操作可以继续放置其他的 PLC 连接点电源。PLC 连接点电源放置完毕，单击鼠标右键，选择"取消操作"命令或按<Esc>键即可退出该操作。

（3）在光标处于放置 PLC 连接点电源的状态时按<Tab>键，旋转 PLC 连接点电源符号，变换 PLC 连接点电源模式。

在插入 PLC 连接点电源的过程中，用户可以对 PLC 连接点电源的属性进行设置。双击 PLC 连接点电源或在插入 PLC 连接点电源后，系统弹出如图 8-23 所示的 PLC 连接点电源属性设置对话框，用户可以在该对话框中对 PLC 连接点电源的属性进行设置。

- 在"显示设备标识符"文本框中输入 PLC 连接点电源的编号。
- 在"连接点代号"文本框中输入 PLC 连接点电源接代号 4。
- 在"连接点描述"文本框中输入 PLC 连接点电源，如 1M、2M。

结果如图 8-24 所示。

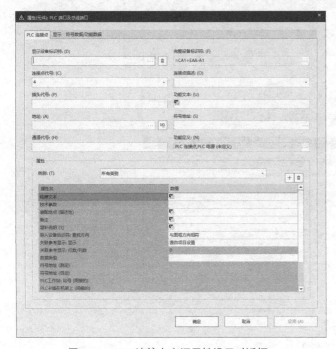

图 8-23　PLC 连接点电源属性设置对话框

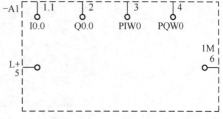

图 8-24　PLC 连接点电源插入结果

8.3　PLC 编址

EPLAN Electric P8 2022 中对 PLC 编址涉及三方面：地址、符号地址、通道代号。在 PLC 的连接点及连接点电源的属性对话框中，可以随意编辑地址，对于 PLC 卡电源（CPS），其地址是无法输入的。

8.3.1 设置 PLC 编址

选择菜单栏中的"选项"→"设置"命令，系统弹出"设置：PLC"对话框，选择"项目"→
"Electrical_Project"→"设备"→"PLC"选项，在"PLC 相关设置"下拉列表中选择系统预设的一
些 PLC 的编址格式，如图 8-25 所示。

单击"PLC 相关设置"右侧的"…"按钮，系统弹出"设置：PLC 相关"对话框，单击 ⊞ 按钮，
添加特殊 PLC 的编址格式，如图 8-26 所示。

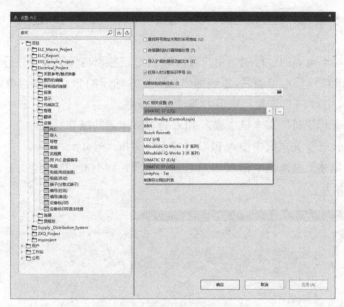

图 8-25 "设置：PLC"对话框

图 8-26 "设置：PLC 相关"对话框

8.3.2　PLC 地址分配列表

选择菜单栏中的"项目数据"→"PLC"→"地址/分配列表"命令，系统弹出如图 8-27 所示的"地址/分配列表"对话框，用户可以在该对话框中设置 PLC 所有连接点参数，包括 PLC 地址、数据类型、符号地址、功能文本等。

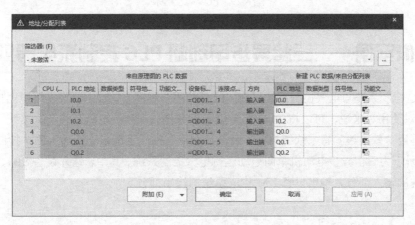

图 8-27　"地址/分配列表"对话框

8.3.3　PLC 编址

选择整个项目或在"PLC"导航器中选择需要编址的 PLC，选择菜单栏中的"项目数据"→"PLC"→"PLC 编址"命令，系统弹出"重新确定 PLC 连接点地址"对话框，如图 8-28 所示。

在"PLC 相关设置"下选择建立的 PLC 地址格式，勾选"数字连接点"复选框，激活"数字起始地址"选项，输入起始地址的输入端与输出端。勾选"模拟连接点"复选框，激活"模拟起始地址"选项，输入起始地址的输入端与输出端。在"排序"下拉列表中选择排序方式。

- 根据卡的设备标识符和放置（图形）：在原理图中，根据每张卡的图形顺序对 PLC 连接点进行编址。只有在所有连接点都已放置时此选项才有效。
- 根据卡的设备标识符和通道代号：根据每张卡通道代号的顺序对 PLC 连接点进行编址。
- 根据卡的设备标识符和连接点代号：根据每张卡连接点代号的顺序对 PLC 连接点进行编址。此时要根据插头名称对连接点先行排序，也就是说，要保证连接点"-A2-1.2"在连接点"-A2-1.1"之前。

单击"确定"按钮，进行 PLC 编址，结果如图 8-29 所示。

图 8-28　"重新确定 PLC 连接点地址"对话框

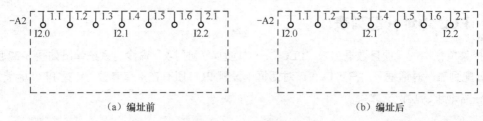

（a）编址前　　　　　　　　　　　（b）编址后

图 8-29　PLC 编址结果

8.4　操作实例——三相异步电动机 PLC 控制系统等效电路

比较 PLC 控制系统与电气控制系统可知，PLC 的用户程序（软件）代替了继电器控制电路（硬件）。因此，对使用者来说，可以将 PLC 等效成各种各样的"软继电器"和"软接线"的集合，而用户程序就是用"软接线"将"软继电器"及其"触点"按一定要求连接起来的"控制电路"。

图 8-30 所示为三相异步电动机单向启动运行电气控制系统。其中，输入设备 SB1、SB2、FR 的触点构成系统的输入部分，输出设备 KM 构成系统的输出部分。

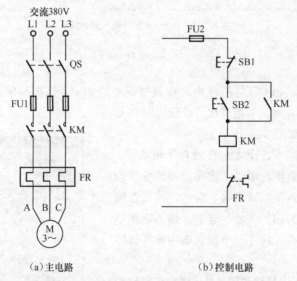

（a）主电路　　　　　　　　　　　（b）控制电路

图 8-30　三相异步电动机单向启动运行电气控制系统

如果用 PLC 来控制这台三相异步电动机，将它们组成一个 PLC 控制系统，根据上述分析可知，系统主电路不变，只要将输入设备 SB1、SB2、FR 的触点与 PLC 的输入端连接，输出设备 KM 线圈与 PLC 的输出端连接，就可以构成 PLC 控制系统的输入、输出硬件线路。而控制部分的功能则由 PLC 的用户程序来实现，其等效电路如图 8-31 所示。

图 8-31 中，输入设备 SB1、SB2、FR 与 PLC 内部的"软继电器"X0、X1、X2 的"线圈"对应。输入设备控制相对应的"软继电器"的状态，即通过这些"软继电器"将外部输入设备状态变成 PLC 内部的状态，这类"软继电器"被称为输入继电器；同理，输出设备 KM 与 PLC 内部的"软继电器"Y0 对应，由"软继电器"Y0 状态控制对应的输出设备 KM 的状态，即通过这些"软继电器"将 PLC 内部状态输出，以控制外部输出设备，这类"软继电器"被称为输出继电器。

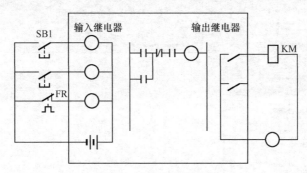

图 8-31　PLC 的等效电路

因此，PLC 用户程序要实现的是：用输入继电器 X0、X1、X2 来控制输出继电器 Y0。当控制要求复杂时，程序中还要采用 PLC 内部的其他类型的"软继电器"，如辅助继电器、定时器、计数器等，以达到控制要求。

要注意的是，PLC 等效电路中的继电器并不是实际的物理继电器，它的状态实际上与存储器单元的状态对应。单元状态为"1"，相当于继电器接通；单元状态为"0"，则相当于继电器断开。因此，我们称这些继电器为"软继电器"。

1. 创建总览图

（1）选择菜单栏中的"项目"→"打开"命令，系统会打开"项目"对话框，在该对话框中打开项目文件"Motor_Control_Project.elk"。

（2）在"页"浏览器中选择"=QD01+DJ3/6 电路原理图"，单击鼠标右键，选择"新建"命令，系统弹出"新建页"对话框，在"页类型"下拉列表中选择"总览（交互式）"选项，在"页描述"文本框输入图纸描述"PLC 总览"，如图 8-32 所示。

图 8-32　"新建页"对话框

（3）单击"确定"按钮，关闭对话框，创建"=QD01+DJ3/7"图纸页，如图 8-33 所示。

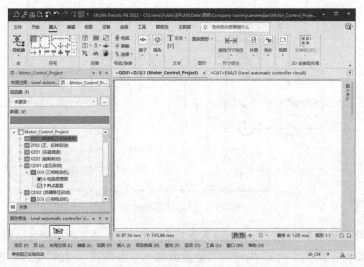

图 8-33　创建 "= QD01+DJ3/7" 图纸页

2. PLC 接入点

（1）插入 PLC 盒子

选择菜单栏中的"插入"→"盒子连接点/连接板/安装板"→"PLC 盒子"命令，此时光标变成十字形状并附加一个 PLC 盒子符号，单击鼠标确定 PLC 盒子的角点，再次单击鼠标确定另一个角点，确定插入 PLC 盒子。

系统弹出如图 8-34 所示的 PLC 盒子属性设置对话框，在"显示设备标识符"文本框中输入 PLC 盒子的编号 "–G1"。单击"确定"按钮，关闭对话框，此时光标仍处于插入 PLC 盒子的状态，单击鼠标右键选择"取消操作"命令或按<Esc>键即可退出该操作步骤，PLC 盒子插入结果如图 8-35 所示。

图 8-34　PLC 盒子属性设置对话框

图 8-35　PLC 盒子插入结果

（2）插入 PLC 连接点

选择菜单栏中的"插入"→"盒子连接点/连接板/安装板"→"PLC 连接点（数字输入）"命令，此时光标变成十字形状并附加一个 PLC 连接点（数字输入）符号 🔳，按下<Tab>键，旋转连接点方向，将光标移动到 PLC 盒子边框上，移动光标，单击鼠标确定 PLC 连接点（数字输入）的位置，结果如图 8-36 所示。单击鼠标右键选择"取消操作"命令或按<Esc>键即可退出该操作。

选择菜单栏中的"插入"→"盒子连接点/连接板/安装板"→"PLC 连接点（数字输出）"命令，此时光标变成十字形状并附加一个 PLC 连接点（数字输出）符号 🔳，放置 PLC 连接点（数字输出），结果如图 8-37 所示，单击鼠标右键选择"取消操作"命令或按<Esc>键即可退出该操作。

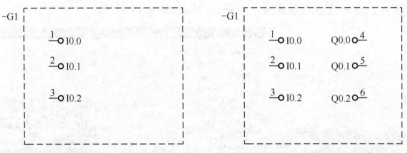

图 8-36 放置 PLC 连接点（数字输入）　　　图 8-37 放置 PLC 连接点（数字输出）

选择菜单栏中的"项目数据"→"PLC"→"地址/分配列表"命令，系统弹出如图 8-38 所示的"地址/分配列表"对话框，用户可以在该对话框中设置 PLC 地址、符号地址、功能文本等。

图 8-38 "地址/分配列表"对话框

单击"确定"按钮，关闭对话框，显示添加地址后的 PLC，如图 8-39 所示。如果功能文本叠加，则需要调整。单击鼠标右键，系统弹出快捷菜单，选择"文本"→"移动属性文本"命令，调整位置，结果如图 8-40 所示。

选择菜单栏中的"项目数据"→"PLC"→"导航器"命令，系统打开"PLC"导航器，如图 8-41 所示，选中所有 PLC 中的输入点、输出点，单击鼠标右键，在弹出的快捷菜单中选择"属性"命令，在弹出的对话框中选择"显示"选项卡，如图 8-42 所示。

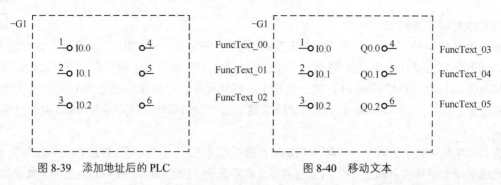

图 8-39 添加地址后的 PLC   图 8-40 移动文本

在"属性排列"列表中选择"连接点代号"选项，在右侧的"属性-分配"列表中的"隐藏"栏中选择"是"选项，则系统不显示连接点代号，结果如图 8-43 所示。

图 8-41 "PLC"导航器   图 8-42 "显示"选项卡

图 8-43 隐藏连接点代号

3. PLC 的内部电路

完成了自定义 PLC 的外壳及 PLC 接入点的布局后，需要绘制 PLC 的内部电路，使 PLC 更形象。

（1）"软继电器"中的"线圈"使用圆形符号代替。选择菜单栏中的"插入"→"图形"→"圆"

命令，绘制适当大小的圆，将其放置在 PLC 输入端，如图 8-44 所示。

（2）选择菜单栏中的"插入"→"符号"命令，在弹出的"符号选择"对话框中选择电源符号，将其放置在 PLC 输入端，如图 8-45 所示。

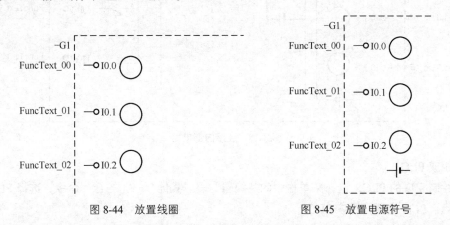

图 8-44　放置线圈　　　　　图 8-45　放置电源符号

（3）选择菜单栏中的"插入"→"符号"命令，在弹出的"符号选择"对话框中选择常开触点符号，将其放置在 PLC 输出端，如图 8-46 所示。

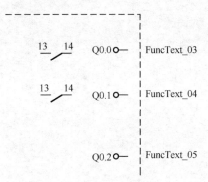

图 8-46　放置常开触点符号

（4）选择菜单栏中的"插入"→"符号"命令，在弹出的"符号选择"对话框中选择计数器表示符号，放置计数器表示符号，此时 PLC 内部电路布局如图 8-47 所示。

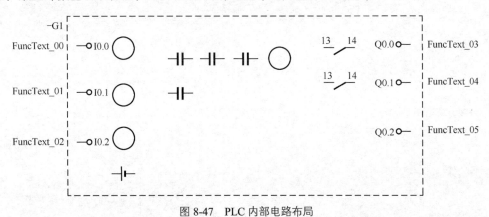

图 8-47　PLC 内部电路布局

（5）选择菜单栏中的"插入"→"图形"→"直线"命令，连接内部电路，如图 8-48 所示。

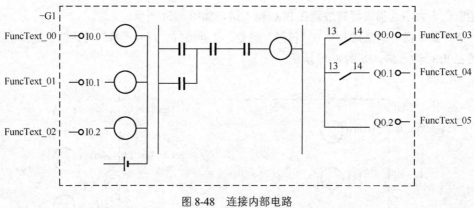

图 8-48　连接内部电路

（6）组成 PLC

　　框选绘制完成的 PLC，选择菜单栏中的"编辑"→"其他"→"组合"命令，选择 PLC 盒子与 PLC 连接点、PLC 电源，组成 PLC。

第 9 章

安装板布局图

内容简介

为了实现电气项目的柜体内部的安装布局，EPLAN Electric P8 提供了安装板的设计操作。安装板设计往往有很多的规则要求，如需要考虑实际电气项目中的散热和干扰等问题。因此相对于原理图的设计，安装板布局图的设计则需要设计者更细心和耐心。

本章主要介绍安装板的二维布局图的整个设计流程，以使读者能对开关柜中安装板的设计有一个全面的了解。

内容要点

- 新建安装板文件
- 放置设备部件
- 图例
- 标注尺寸

9.1 新建安装板文件

EPLAN 中的安装板文件主要是为了表示某开关柜中电气设备、装置和线路的平面布置，图形非常直观，起到指导安装的作用。

与原理图设计的界面一样，安装板的设计界面也在软件主界面的基础上添加了一系列菜单项和功能区，这些菜单项及功能区主要用于安装板设计中的安装板设置、布局、布线操作等。

9.1.1 新建安装板文件

在 EPLAN 中，安装板布局（交互式）图纸页用于进行安装板布局图设计，新建安装板文件步骤如下。

选择菜单栏中的"页"→"新建"命令，或单击"开始"选项卡的"页"面板中的"新建"按钮 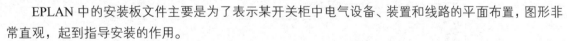，或在"页"导航器中选中项目名称，在其上单击鼠标右键，系统弹出快捷菜单，在菜单中选择"新建"选项。

系统弹出如图 9-1 所示的"新建页"对话框。在"完整页名"文本框内输入电路图纸页名称，单击"完整页名"文本框后的"…"按钮，系统弹出"完整页名"对话框，在已存在的结构标识中选择高层代号与位置代号。

（1）从"页类型"下拉列表中选择页的类型"安装板布局（交互式）"。

（2）在"页描述"文本框中输入图纸页的描述"开关柜安装板设计"。

（3）在"属性名-数值"列表中默认显示图纸的表格名称、图框名称、图纸比例与栅格（大小）。安装板与原理图不同，默认情况下，原理图的图纸比例为 1∶1，安装板图纸比例为 1∶10。

单击"应用"按钮，可重复创建相同参数设置的多张图纸。每单击一次该按钮，创建一张新原理图纸页，在创建者框中系统会自动输入用户标识。

图 9-1 "新建页"对话框 1

（4）单击"确定"按钮，完成安装板图纸页添加，在"页"导航器中会显示新建安装板图纸页结果，如图 9-2 所示。

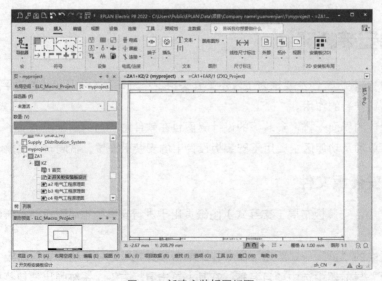

图 9-2 新建安装板图纸页

9.1.2　新建安装板

安装板是用于固定各种电气元件并且适合在端子箱内安装的板（架）。在 2D 安装图里，电气柜的门上部分、顶上部分、门内部分及内部都属于安装板。

1. 放置空白安装板

选择菜单栏中的"插入"→"盒子/连接点/安装板"→"安装板"命令，或单击"插入"选项卡的"2D 安装板布局"面板中的"安装板（2D）"按钮，此时光标变成十字形状并附加一个安装板符号。

将光标移动到需要插入安装板的位置上，移动光标选择安装板的插入点，单击鼠标确定插入安装板第一点，向外拖动安装板，再次单击鼠标，确定安装板另一角点，插入安装板，如图 9-3 所示。

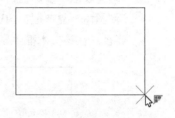

图 9-3　插入安装板

此时光标仍处于插入安装板的状态，重复上述操作可以继续插入其他的安装板。空白安装板插入完毕，单击鼠标右键，选择"取消操作"命令或按<Esc>键即可退出该操作。

在插入安装板的过程中，用户可以对安装板的属性进行设置。双击安装板或在插入安装板后，系统会弹出如图 9-4 所示的安装板属性设置对话框，用户可以在该对话框中对安装板的属性进行设置，在"显示设备标识符"文本框中输入安装板的编号。

打开"格式"选项卡，设置安装板长方形的外观属性，如图 9-5 所示。

图 9-4　安装板属性设置对话框

图 9-5　"格式"选项卡

在该选项卡中可以对安装板的坐标、线宽、线型和颜色等属性进行设置。

（1）"长方形"选项组

在该选项组下输入长方形的起点、终点的 X 坐标和 Y 坐标，以及宽度、高度和角度。

（2）"格式"选项组

- 线宽：用于设置直线的宽度。下拉列表中显示固定值，包括 0.05mm、0.13mm、0.18mm、0.20mm、0.25mm、0.35mm、0.40mm、0.50mm、0.70mm、1.00mm、2.00mm 这 11 种线宽供用户

选择。

- 颜色：单击该颜色显示框，可以设置直线的颜色。
- 隐藏：控制直线的隐藏与否。
- 线型：用于设置线型。
- 式样长度：用于设置直线的式样长度。
- 线端样式：用于设置直线截止端的样式。
- 层：用于设置直线所在层。对于中线，推荐选择"EPLAN105，图形.中线层"。
- "填充表面"复选框：勾选该复选框，填充长方形，如图 9-6 所示。
- "倒圆角"复选框：勾选该复选框，对长方形倒圆角。
- 半径：在该文本框中显示圆角半径，圆角半径根据安装板尺寸自动设置，如图 9-7 所示。

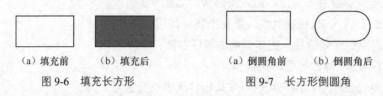

（a）填充前	（b）填充后	（a）倒圆角前	（b）倒圆角后

图 9-6　填充长方形　　　　　　图 9-7　长方形倒圆角

　　打开"部件"选项卡，如图 9-8 所示，添加的部件在左侧"部件编号-件数/数量"列表中显示。单击"部件编号"栏空白行中的"…"按钮，系统弹出如图 9-9 所示的"部件选择"对话框，部件管理库在该对话框中显示，用户可以在该对话框中浏览所有部件信息，为安装板选择正确的部件编号，选择指定编号的"箱柜"，如图 9-9 所示。单击"确定"按钮，关闭对话框，箱柜编号在"部件编号"列表中显示，表示为该型号的箱柜进行布局设置，如图 9-10 所示。

图 9-8　"部件"选项卡

图 9-9 "部件选择"对话框

图 9-10 "部件"选项卡

2. 放置卡槽与导轨

在 2D 布置图中，导轨、卡槽的平面图为长方形，一般使用填充颜色的长方形表示。

单击"插入"选项卡"图形"面板中的"长方形"按钮□，绘制适当大小长方形（卡槽），如

图 9-11 所示。

图 9-11　绘制卡槽

双击绘制的长方形，系统弹出"属性（长方形）"对话框，如图 9-12 所示，用户可以在此对话框中定义长方形的起点、终点、宽度、高度与角度，以及长方形颜色等，勾选"填充表面"复选框，结果如图 9-13 所示。

图 9-12　"属性（长方形）"对话框

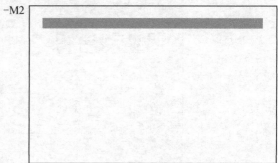

图 9-13　绘制长方形

9.2　放置设备部件

设备部件是安装布置图的基础，在安装板中需要根据尺寸将设备的部件排列放置，使其符合安装板的功能需要和设备电气要求，还要考虑安装方式、放置安装孔等。

9.2.1　安装板布局导航器

选择菜单栏中的"项目数据"→"设备/部件"→"2D 安装板布局导航器"命令，或单击"设备"选项卡"2D 安装板布局"面板中的"导航器"按钮，或按快捷组合键<Ctrl+Shift+M>，打开"2D 安装板布局"导航器，如图 9-14 所示。"图形预览"窗口显示导航器中选中的设备部件的模型图，如图 9-15 所示。

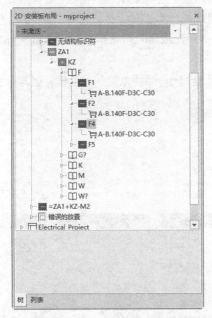

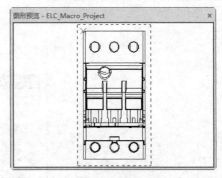

图 9-14 "2D 安装板布局"导航器 　　　　图 9-15 "图形预览"窗口

9.2.2 部件放置

在导航器中选中设备部件，单击鼠标右键，系统弹出如图 9-16 所示的快捷菜单，用户可通过该快捷菜单对安装板中的设备部件进行编辑与放置，下面介绍快捷命令。

- 新设备：选择该命令，系统弹出"部件选择"对话框，用户在该对话框中可以选择需要放置的设备部件编号。
- 锁定区域：选择该命令，光标上显示浮动的锁定区域符号，激活放置锁定区域命令。
- 删除：选择该命令，删除选中的安装板部件。
- 放到安装板上：选择该命令，将部件放置到安装板上。
- 放到安装导轨上：选择该命令，将部件放置到导轨上，DIN 导轨可显示在直线、折线、多边形、长方形上，但在圆、椭圆上不允许使用。
- 更新主要组件：选择该命令，更新安装板编辑环境中的主要组件信息。
- 更新部件尺寸：选择该命令，更新安装板编辑环境中的部件尺寸。
- 编辑图例位置：选择该命令，编辑图例位置。
- 编辑修订标记：选择该命令，编辑修订标记。
- 删除修订标记：选择该命令，删除修订标记。

图 9-16 快捷菜单

- 转到（图形）：选择该命令，在编辑环境中系统自动将选中对象放大，切换到编辑环境中并高亮显示。
- 插入查找结果列表：选择该命令，系统弹出查找结果列表，显示查找对象。
- 设置：选择该命令，系统弹出"设置：2D 安装板布局"对话框，如图 9-17 所示，显示安装板部件放置的尺寸与角度等设置信息。
- 配置显示：选择该命令，系统弹出"配置显示"对话框，如图 9-18 所示，显示图纸配置信息。

- 视图：选择该命令，弹出视图显示子命令，包括基于宏、基于标识字母。
- 属性：选择该命令，系统弹出"属性（元件）：部件放置"对话框，显示放置的部件属性信息，如图 9-19 所示。
- 属性（全局）：选择该命令，系统弹出"属性（全局）：部件放置"对话框，显示放置的部件全局属性信息，如图 9-20 所示。

图 9-17 "设置：2D 安装板布局"对话框

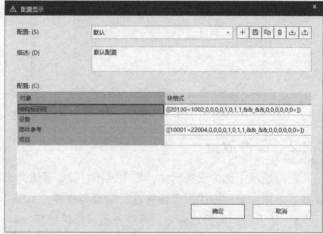

图 9-18 "配置显示"对话框

图 9-19 "属性（元件）：部件放置"对话框 1

图 9-20 "属性（全局）：部件放置"对话框

9.3 图例

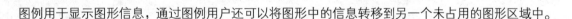

图例用于显示图形信息，通过图例用户还可以将图形中的信息转移到另一个未占用的图形区域中。

9.3.1 生成图例

图例包括窗口图例与页图例。在安装板页中生成的图例为窗口图例，其所含信息包括设备标识符，可将其自由定位为图形对象并插入不同位置，还可以设置其属性。作为表格单独输出为页的为页图例，因此与之对应的安装板页中不显示图例。

下面介绍如何生成页图例。

（1）选择菜单栏中的"工具"→"报表"→"生成"命令，系统弹出"报表-myproject"对话框，如图 9-21 所示，在该对话框中打开"报表"选项卡，选择"页"选项，展开"页"选项。

图 9-21 "报表-myproject"对话框

（2）单击"新建"按钮 ⊞，打开"确定报表"对话框，选择"箱柜设备清单"选项，勾选"手动选择"复选框，如图 9-22 所示。单击"确定"按钮，完成图纸页选择。

（3）系统弹出"手动选择"对话框，安装板图纸页在"可使用的"列表下显示，将其添加到右侧"选定的"列表下，如图 9-23 所示，单击"确定"按钮，关闭对话框。

图 9-22 "确定报表"对话框

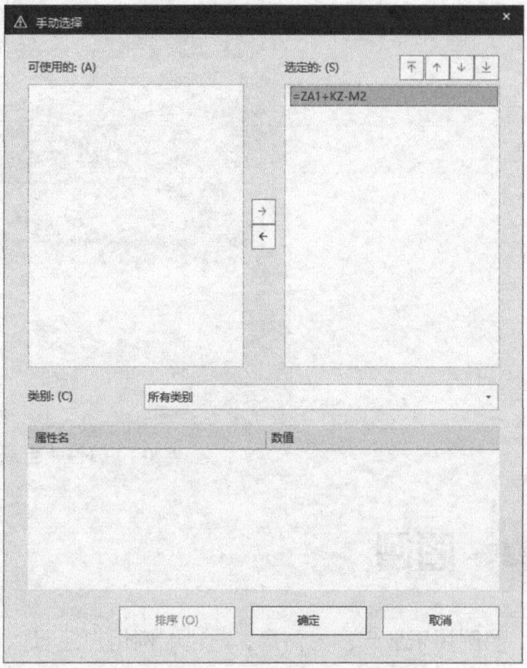

图 9-23 "手动选择"对话框

（4）系统弹出"设置–箱柜设备清单"对话框，如图 9-24 所示。默认未激活"功能"选项栏下的"筛选器"，单击"确定"按钮，完成图纸页设置。系统弹出"箱柜设备清单（总计）"对话框，如图 9-25 所示，箱柜设备清单的结构设计在该对话框中显示，选择当前高层代号与位置代号。

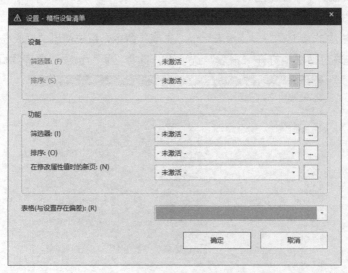

图 9-24 "设置–箱柜设备清单"对话框

（5）单击"确定"按钮，完成图纸页设置，返回"报表–myproject"对话框，在"页"选项下添加箱柜设备清单页，如图 9-26 所示。单击"确定"按钮，关闭对话框，完成箱柜设备清单页的添加，添加的箱柜设备清单页在"页"导航器下显示，如图 9-27 所示。

图 9-25 "箱柜设备清单（总计）"对话框

图 9-26 "报表-myproject"对话框

图 9-27 箱柜设备清单页

9.3.2 编辑图例

在安装板编辑环境中，选择安装板或部件，选择菜单栏中的"项目数据"→"设备/部件"→"2D安装板布局"→"编辑图例位置"命令，打开"编辑图例位置"对话框，如图 9-28 所示。

图 9-28　"编辑图例位置"对话框

　　安装板或部件的图例位置编号在该对话框中显示，单击右上角的 按钮，调整部件的图例位置。

9.4　标注尺寸

　　标注尺寸是绘图工作中非常重要的一个环节，EPLAN Electric P8 2022 提供了方便快捷的标注尺寸方法，用户可通过系统命令实现尺寸标注，也可利用菜单或按钮实现尺寸标注。本节重点介绍如何对各种类型的尺寸进行标注。

9.4.1　标注尺寸工具

　　选择菜单栏中的"插入"→"尺寸标注"命令，或单击"插入"选项卡"尺寸标注"面板中的"线性尺寸标注"按钮 ↦◄ 的下拉按钮 ▾，不同的标注命令便显示出来，如图 9-29 所示。

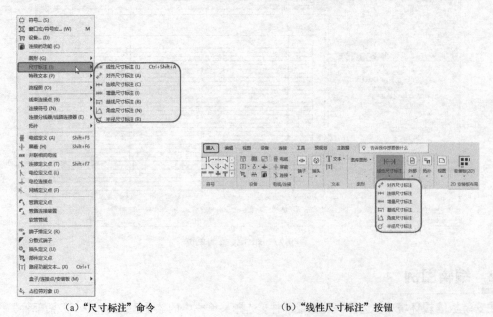

（a）"尺寸标注"命令　　　　　　　　　（b）"线性尺寸标注"按钮

图 9-29　标注尺寸

各"尺寸标注"放置步骤介绍如下。

1. 放置线性尺寸标注 ⊢⊣

（1）启动命令后，将光标移动到指定位置，单击鼠标确定标注的起始点。

（2）移动光标到另一个位置，再次单击鼠标确定标注的终止点。

（3）继续移动光标，可以调整标注的位置，在合适位置单击鼠标完成一次标注，使用线性尺寸标注，无论标注什么方向的线段，尺寸线总保持水平或垂直。

（4）此时仍可继续放置尺寸标注，也可单击鼠标右键退出标注操作。

2. 放置对齐尺寸标注 ✐

（1）启动命令后，将光标移动到指定位置，单击鼠标确定标注的起始点。

（2）将光标移动到另一个位置，再次单击鼠标确定标注的终止点。

（3）继续移动光标，可以调整标注的位置，在合适位置单击鼠标完成一次标注。

（4）此时仍可继续放置尺寸标注，也可单击鼠标右键退出标注操作。这种命令标注的尺寸线与所标注轮廓线平行，标注的是起始点到终点之间的距离。

3. 放置连续尺寸标注 ⊩⊣

连续标注又叫尺寸链标注，用于产生一系列连续的尺寸标注，后一个尺寸标注均把前一个标注的第二条尺寸界线作为它的第一条尺寸界线。这种标注适用于长度型尺寸、角度型尺寸和坐标标注。在使用连续标注方式之前，应该先标注出一个相关的尺寸。

（1）启动命令后，将光标移动到指定位置，单击鼠标确定标注的起始点。

（2）将光标移动到另一个位置，再次单击鼠标确定标注的终止点。

（3）以上一个位置为标注的起点，将光标移动到另一个位置，确定标注的终点。

（4）此时仍可继续放置下一个标注，也可单击鼠标右键退出标注操作。

4. 放置增量尺寸标注 ⊩⊣

增量尺寸标注与连续标注类似，这里不再赘述。

5. 放置基线尺寸标注 ⊟

基线尺寸标注用于产生一系列基于同一尺寸界线的尺寸标注，适用于长度尺寸、角度和坐标标注。在使用基线尺寸标注方式之前，应该先标注出一个相关的尺寸作为基线标准。

（1）启动命令后，将光标移动到基线位置，单击鼠标确定标注基准点。

（2）将光标移动到下一个位置，单击鼠标确定第二个参考点，该点的标注被确定，移动光标可以调整标注位置，在合适位置单击鼠标确定标注位置。

（3）将光标移动到下一个位置，按照上面的方法继续标注。标注完所有的参考点后，单击鼠标右键退出标注操作。

6. 放置角度尺寸标注 ⌐

（1）启动命令后，将光标移动到要标注的角的顶点或一条边上，单击鼠标确定标注第一个点。

（2）移动光标，在同一条边上距第一点稍远处，再次单击鼠标确定标注的第二点。

（3）将光标移动到另一条边上，单击鼠标确定第三点。

（4）移动光标，在第二条边上距第三点稍远处再次单击鼠标。

（5）此时标注的角度尺寸确定，移动光标可以调整位置，在合适位置单击鼠标完成一次标注。

（6）此时可以继续放置尺寸标注，也可单击鼠标右键退出。

7. 放置半径尺寸标注 ⊘

（1）启动命令后，将光标移动到圆或圆弧的圆周上，单击鼠标确定半径尺寸。

（2）移动光标，调整位置，在合适位置单击鼠标完成一次标注。

（3）此时可以继续放置尺寸标注，也可单击鼠标右键退出。

9.4.2 标注图层

尺寸标注放置在单独的层，防止文字与电路交叉导致错误，一般尺寸标注层会变为蓝色。

选择菜单栏中的"选项"→"层管理"命令，或单击"工具"选项卡的"管理"面板中的"层"按钮，系统打开如图 9-30 所示的"层管理"对话框，在该对话框中选中"图形"→"尺寸标注"选项，在该界面中可以设置标注图层的线型、线宽、颜色等参数。

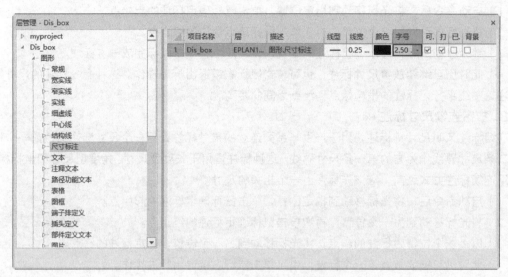

图 9-30 "层管理"对话框

9.5 操作实例——分配电箱电路安装板设计

分配电箱电路安装板设计操作步骤介绍如下。

选择菜单栏中的"项目"→"打开"命令，系统会"打开项目"对话框，打开项目文件"Dis_box.elk"。

1. 新建安装板文件

（1）在"页"导航器中选中 Y01，选择菜单栏中的"页"→"新建"命令，系统弹出如图 9-31 所示的"新建页"对话框。

（2）在"完整页名"文本框中设置图纸页名称"=X02+Y01/3"，从"页类型"下拉列表中选择页类型"安装板布局（交互式）"，在"页描述"文本框中输入"安装板布局图"，在"比例"文本框中输入"1∶5"。

（3）单击"确定"按钮，完成安装板图纸页添加，结果在"页"导航器中显示，如图 9-32 所示。

图 9-31 "新建页"对话框 2

2. 放置安装板

（1）分配电箱大小为 950mm×850mm×340mm，默认单位为 mm，这里忽略安装尺寸，默认安装设备的安装板大小为 950mm×850mm。

（2）选择菜单栏中的"插入"→"盒子连接点/连接板/安装板"→"安装板"命令，此时光标变成十字形状并附加一个安装板符号，单击鼠标插入安装板。

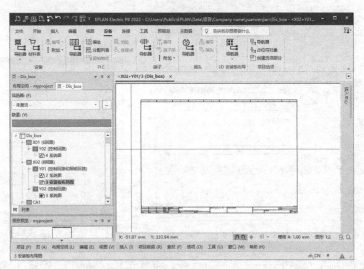

图 9-32　新建安装板图纸页文件

（3）系统弹出如图 9-33 所示的"属性（全局）：安装板"对话框，打开"格式"选项卡，将安装板的宽度设置为 950mm，将其高度设置为 850mm。

（4）单击"确定"按钮，关闭对话框。单击鼠标右键，选择"取消操作"命令或按<Esc>键即可退出该操作。安装板设置结果如图 9-34 所示。

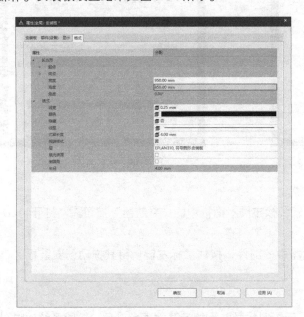

图 9-33　"属性（元件）：安装板"对话框

图 9-34　安装板设置结果

（5）单击"插入"选项卡"图形"面板中的"长方形"按钮□，绘制适当大小的长方形。双击绘制的长方形，系统弹出"属性（长方形）"对话框，如图 9-35 所示，在该对话框中定义长方形的宽度与高度及颜色，勾选"填充表面"复选框，结果如图 9-36 所示。

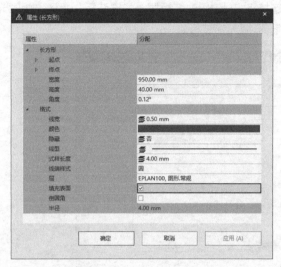

图 9-35 "属性（长方形）"对话框

图 9-36 绘制结果

（6）选择菜单栏中的"编辑"→"复制"命令，继续选择"粘贴""旋转""镜像"命令，绘制其余方向的线槽，结果如图 9-37 所示。

用同样的方法绘制导轨，结果如图 9-38 所示。

图 9-37 绘制的线槽

图 9-38 绘制的导轨

3. 放置部件

（1）单击"设备"选项卡的"2D 安装板布局"面板中的"导航器"按钮▦，打开"2D 安装板布局"导航器，如图 9-39 所示。

（2）选中"2D 安装板布局"导航器中的部件，按住鼠标左键，将其拖动到安装板上，结果如图 9-40 所示。

4. 安装板布局

（1）安装板中的设备属性文本只显示图例代号，不能清楚地表示设备，一般系统通过设备标示符显示部件，因此通常需要编辑属性文本。

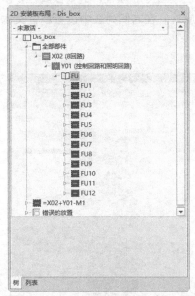

图 9-39 "2D 安装板布局"导航器

图 9-40 部件放置结果

（2）选中所有设备，单击鼠标右键，选择"属性"命令，系统弹出"属性（元件）：部件放置"对话框，打开"显示"选项卡，只显示"图例位置"属性，在"隐藏"栏下拉列表中选择"是"选项，隐藏图例显示，如图 9-41 所示。

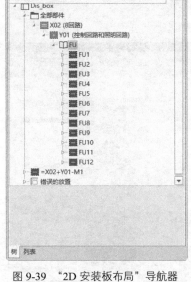

图 9-41 "属性（元件）：部件放置"对话框

（3）单击"新建"按钮 ⊞，系统弹出"属性选择"对话框，在"查找"文本框中输入"设备标识符"，按 Enter 键，显示包含关键字的属性，选择"设备标识符（显示）"选项，如图 9-42 所示，单击"确定"按钮。

（4）在"显示"选项卡"属性排列"列表中添加"设备标识符（显示）"属性，选中该属性，单击鼠标右键，选择"取消固定"命令，取消属性文本的位置固定属性。在右侧列表中设置属性文本的位置与大小，如图 9-43 所示。

图 9-42　"属性选择"对话框

图 9-43　添加属性

- 在"格式"选项组下"字号"栏下拉列表中选择"20.00mm"。
- 在"位置"选项组下"固定默认设置"下拉列表中选择"左"。
- 在"位置"选项组下"Y 坐标"栏中输入"0.00mm"

单击"确定"按钮，关闭对话框，安装板上部件编辑结果如图 9-44 所示。

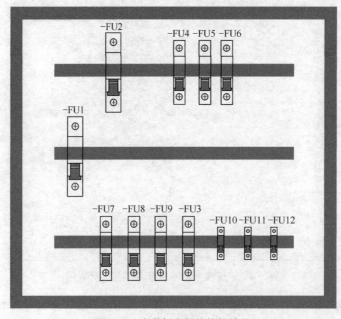

图 9-44　安装板上部件编辑结果

5. 标注安装板

（1）选择菜单栏中的"项目数据"→"层管理"命令，或单击"工具"选项卡"管理"面板中的"层"按钮，系统打开的"层管理-Dis_box"对话框，选择"图形"→"尺寸标注"选项，在"字号"下拉列表中选择"7.00"，如图 9-45 所示。

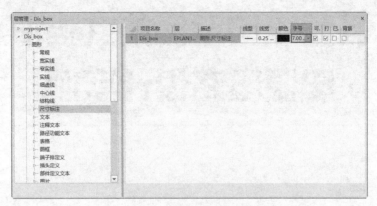

图 9-45 "层管理-Dis_box"对话框

（2）单击"插入"选项卡"尺寸标注"面板中的"线性尺寸标注"按钮，标注安装板外轮廓尺寸，如图 9-46 所示。

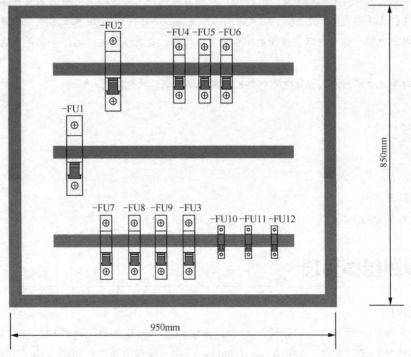

图 9-46 标注安装板外轮廓尺寸

第10章

硅整流电容储能式操作电源电路设计实例

内容简介

硅整流电容储能式操作电源电路是一种应用广泛的直流操作电路，二次电路图主要有原理图、展开图和安装接线图 3 种表现形式。一次电路中的交流高压经变压器降压得到 380V 的三相交流电压，二次电路主要包括断路器控制电路、信号电路、保护电路和测量电路等，直流操作电源的任务就是为这些电路提供工作电源。

本章绘制硅整流电容储能式操作电源电路的一次电路图与二次电路图。

内容要点

- 一次电路图
- 二次电路原理图
- 二次电路展开图

10.1 设置绘图环境

1. 创建项目

选择菜单栏中的"项目"→"新建"命令，系统弹出"创建项目"对话框，在"项目名称"文本框中输入创建的新项目名称"Silicon_capacitance"，在"保存位置"下拉列表中选择项目文件的路径，在"基本项目"下拉列表中选择带 GB 标识结构的基本项目"GB_bas001.zw9"。如图 10-1 所示，单击"确定"按钮。在"页"导航器中会显示创建的新项目"Silicon_capacitance.elk"。

2. 创建图页

（1）在"页"导航器中选中项目名称，选择菜单栏中的"页"→"新建"命令，系统弹出"新建页"对话框。"完整页名"文本框内的电路图页名称为默认，在"页类型"下拉列表中选择"多线原理图"（交互式）"选项，在"页描述"文本框中输入图纸描述"一次电路"，如图 10-2 所示。

图 10-1 "创建项目"对话框

图 10-2 "新建页"对话框

（2）单击"应用"按钮，创建原理图页 2。同时在"新建页"对话框"完整页名"文本框内设置下一张图纸页名称"=CA1+SAA/3"，在"页描述"文本框中输入图纸描述"过电流保护原理图"。

（3）单击"应用"按钮，创建原理图页 3。同时在"新建页"对话框"完整页名"文本框内设置下一张图纸页名称"=CA1+SAA/4"，在"页描述"文本框中输入图纸描述"二次电路展开图"。

（4）单击"应用"按钮，创建原理图页 4。同时在"新建页"对话框"完整页名"文本框内设置下一张图纸页名称"=CA1+KAA/5"，在"页描述"文本框中输入图纸描述"变压器瓦斯保护电路原理图"。

（5）单击"确定"按钮，在"页"导航器中创建原理图页 5，如图 10-3 所示。

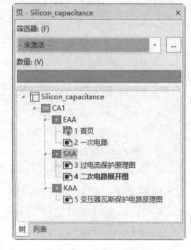

图 10-3 "页"导航器

10.2 一次电路图

一次电路包含两相 380V 交流电源，一路经三相桥式硅整流桥堆 U1 整流后得到直流电压，送到 I 段+WC、-WC 直流小母线；另一路两相 380V 交流电源经桥式硅整流桥堆 U2 整流后得到直流电压，送到 II 段+WC、-WC 直流小母线。I 段母线上的直流电源送给断路器控制电路，II 段母线上的直流电源分别送到信号电路、保护电路 1 和保护电路 2。

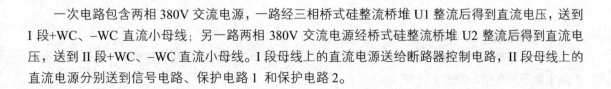

在"页"导航器中双击原理图页 2，进入"=CA1+EAA/2 一次电路"原理图编辑环境。

10.2.1 绘制控制电路模块

1. 插入隔离开关

选择菜单栏中的"插入"→"符号"命令，系统弹出"符号选择"对话框，选择隔离开关，如图 10-4 所示。单击"确定"按钮，单击鼠标在原理图中放置隔离开关 F1。

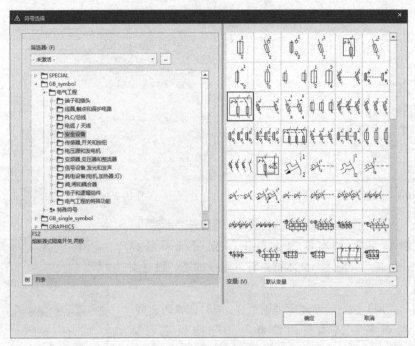

图 10-4　插入隔离开关 1

2. 插入其余元件

选择菜单栏中的"插入"→"符号"命令，系统弹出如图 10-4 所示的"符号选择"对话框，插入下面的元件，结果如图 10-5 所示。

- H1：在"电气工程"→"信号设备，发光和发声"中选择"H 指示灯，常规"选项。
- R1：在"电气工程"→"电子和逻辑组件"中选择"电阻，常规"选项。
- U1：在"电气工程"→"变频器，变压器和整流器"中选择"GDBR 三相桥式整流电路"选项。
- F2：在"电气工程"→"安全设备"中选择"F3 熔断器，三极，常规"选项。
- FU1：在"电气工程"→"安全设备"中选择"F1 熔断器，单极，常规"选项。
- S1：在"电气工程"→"传感器，开关和按钮"中选择"Q2 旋转开关，二极，常开触点"选项。

3. 连接电路

（1）选择菜单栏中的"插入"→"连接符号"→"角""T 节点""线路连接器"命令，根据图纸要求连接原理图，如图 10-6 所示。

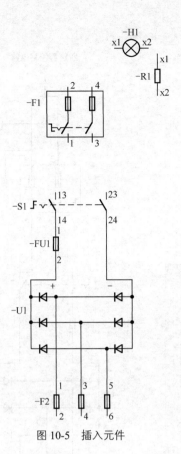

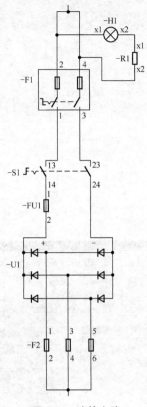

图 10-5　插入元件

图 10-6　连接电路

（2）选择菜单栏中的"插入"→"连接符号"→"中断点"命令，在图纸中单击鼠标，系统弹出"属性（元件）：中断点"对话框，在该对话框中进行相关设置。

- 打开"中断点"选项卡，在"描述"栏输入"1 号 380V 交流电"，如图 10-7 所示。
- 打开"显示"选项卡，单击按钮 ⊞，系统弹出"属性选择"对话框，在搜索栏输入关键字"描述"，按<Enter>键，在搜索结果中选择"中断点：描述"选项，如图 10-8 所示。

（3）单击"确定"按钮，为中断点添加的属性在"属性排列"列表中显示，如图 10-9 所示。

（4）用同样的方法，继续添加中断点，结果如图 10-10 所示。

图 10-7　"中断点"选项卡

图 10-8　选择属性

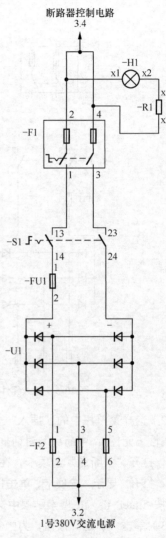

图 10-10　添加中断点

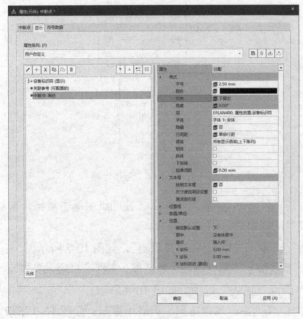

图 10-9　添加属性

10.2.2　绘制信号电路模块

（1）选择菜单栏中的"插入"→"符号"命令，系统弹出"符号选择"对话框，在"电气工程"→"安全设备"中选择"FS3 熔断器式隔离开关，三极"选项，如图 10-11 所示。单击"确定"按钮，在原理图中单击鼠标放置熔断器隔离开关 F3。

（2）复制已插入的指示灯 H1 与电阻 R1，选择"编号"复制模式，插入指示灯 H2 与电阻 R2，如图 10-12 所示。

（3）选择菜单栏中的"插入"→"连接符号"→"角""T 节点""线路连接器"命令，根据图纸要求连接电路，如图 10-13 所示。

（4）选择菜单栏中的"插入"→"连接符号"→"中断点"命令，在图纸中单击鼠标添加中断点，如图 10-14 所示。

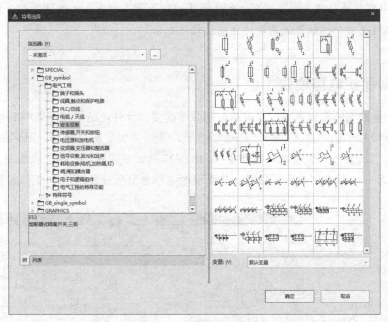

图 10-11　插入隔离开关 2

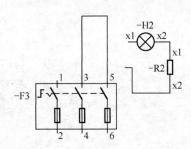

图 10-12　插入指示灯 H2 与电阻 R2

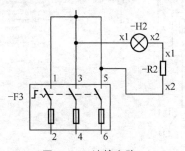

图 10-13　连接电路

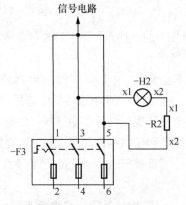

图 10-14　添加中断点

注意

EPLAN 中默认连接线为红色，有的元件间连接线为蓝色，蓝色的连接线表示直接连接，实际使用中的热继电器和接触器就是通过直接连接连起来的。

10.2.3　绘制保护电路模块

（1）复制上面绘制的控制电路一次电路，删除不需要的元件，结果如图 10-15 所示。

（2）选择菜单栏中的"插入"→"符号"命令，系统弹出"符号选择"对话框，在"电气工程"→"变频器，变压器和整流器"中选择"GBOX22 桥式整流器，二相，次级侧，2 连接点"选项，如图 10-16 所示。单击"确定"按钮，在原理图中单击鼠标放置二相桥式整流器 U2。

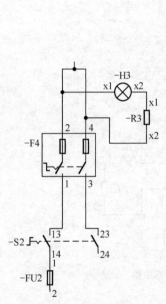

图 10-15　复制电路

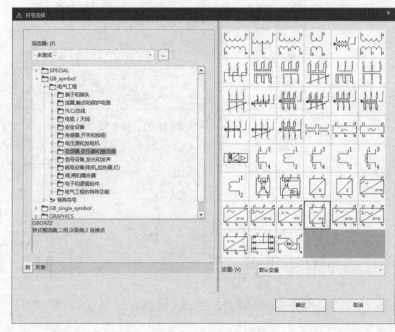

图 10-16　选择二相桥式整流器

（3）插入其余元件。选择菜单栏中的"插入"→"符号"命令，系统弹出"符号选择"对话框，选择下面的元件，结果如图 10-17 所示。

- F5：在"电气工程"→"安全设备"中选择"F22 断熔断器，两极，形式 2"选项。
- V1、V2：在"电气工程"→"电子和逻辑组件"中选择"V 半导体二极管，常规"选项。
- C1：在"电气工程"→"电子和逻辑组件"中选择"C 电容器，常规"选项。
- R4：在"电气工程"→"电子和逻辑组件"中选择"R 电阻，常规"选项。

（4）选择菜单栏中的"插入"→"连接符号"→"角""T 节点"命令，根据图纸要求连接电路，如图 10-18 所示。

（5）选择菜单栏中的"插入"→"连接符号"→"中断点"命令，在图纸中单击鼠标添加中断点，如图 10-19 所示。

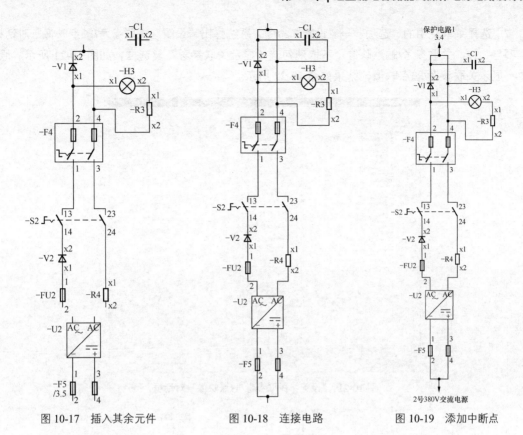

图 10-17　插入其余元件　　　　图 10-18　连接电路　　　　图 10-19　添加中断点

（6）复制上面绘制的电路，删除不需要的元件，选择菜单栏中的"插入"→"电位连接点"命令，在图纸中单击鼠标添加电位连接点，结果如图 10-20 所示。

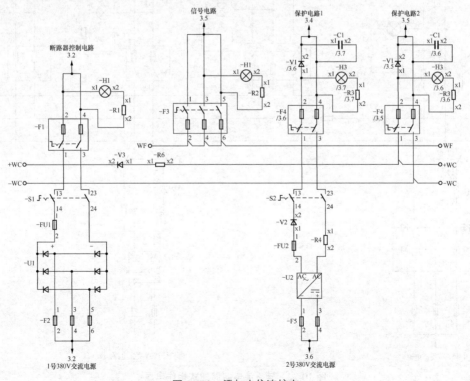

图 10-20　添加电位连接点

（7）选择菜单栏中的"选项"→"设置"命令，系统弹出"设置：关联参考/触点映像"对话框，在"项目"→"关联参考/触点映像"下取消勾选"显示关联参考"复选框，如图 10-21 所示。原理图中不显示关联参考/触点映像，结果如图 10-22 所示。

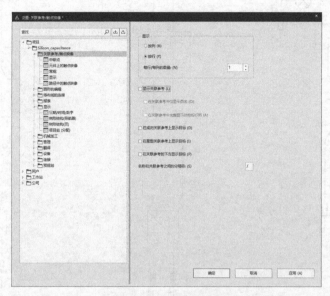

图 10-21　"设置：关联参考/触点映像"对话框

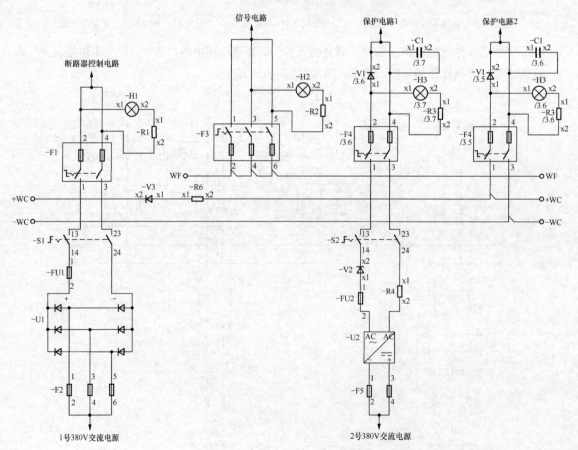

图 10-22　硅整流电容储能式操作电源

10.3 二次电路原理图

6～10kV 的过电流保护电路工作原理：当负荷侧发生短路故障时，电流互感器二次侧电流迅速增大，使电流继电器 3 和电流继电器 4 的线圈吸合、触点闭合，直流电源加到时间继电器 5 的线圈上。经过一定时限后，延时触点闭合，信号继电器 6 的线圈得电而吸合，发出跳闸信号。同时，直流电源经压板 7 将直流电源加到断路器的跳闸线圈 9 上，断路器跳闸。断路器跳闸后常开辅助触点打开，切断跳闸线圈的电流。当被保护的线路故障排除后，电流继电器和时间继电器触点返回原始位置，信号继电器则需要人工复位。

在"页"导航器中双击原理图页 3，进入"=CA1+SAA/3 过电流保护"原理图编辑环境。

（1）插入电流互感器。选择菜单栏中的"插入"→"符号"命令，系统弹出"符号选择"对话框，在"电气工程"→"变频器，变压器和整流器"中选择"LSW1A 电流互感器（1 路径），4 连接点"选项，如图 10-23 所示。单击"确定"按钮，单击鼠标左键，在原理图中放置电流互感器 U、W，如图 10-24 所示。

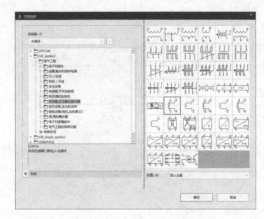

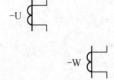

图 10-23　选择电流互感器　　　　　　图 10-24　放置电流互感器

（2）插入继电器线圈。选择菜单栏中的"插入"→"符号"命令，系统弹出"符号选择"对话框，在"电气工程"→"线圈，触点和保护电路"中选择"K""KA2"两项，如图 10-25 所示。在原理图中放置继电器线圈 KA1、KA2、KT、KS，如图 10-26 所示。

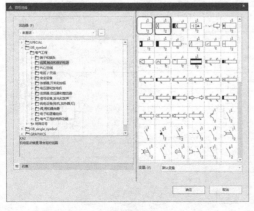

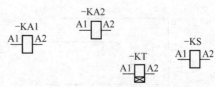

图 10-25　选择继电器线圈　　　　　　图 10-26　放置继电器线圈

（3）插入其余元件。选择菜单栏中的"插入"→"符号"命令，系统弹出"符号选择"对话框，选择下面的元件，结果如图 10-27 所示。

- KA 电流继电器开关：在"电气工程"→"线圈，触点和保护电路"中选择"SMW 常开触点带虚线"选项。
- KT 时间继电器开关：在"电气工程"→"线圈，触点和保护电路"中选择"SSV 常开触点闭合延时"选项。
- KS 信号继电器开关：在"电气工程"→"线圈，触点和保护电路"中选择"LSW1A 电流互感器（1 路径），4 连接点"选项。
- 压板：在"电气工程"→"端子和插头"中选择"XTR1 1"选项。
- 断路器的跳闸线圈：在"电气工程"→"传感器，开关和按钮"中选择"BSD 流量开关，常开触点"选项。
- 断路器开关 QF：在"电气工程"→"传感器，开关和按钮"中选择"QLS1 常开触点断路器"选项。
- 开关 QS：在"电气工程"→"传感器，开关和按钮"中选择"SSMNO 开关，常开触点机械操作"选项。

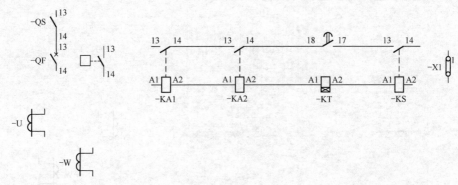

图 10-27　插入元件

（4）选择菜单栏中的"插入"→"连接符号"→"角"命令，根据图纸要求连接电路，如图 10-28 所示。

（5）选择菜单栏中的"插入"→"连接符号"→"T 节点"命令，根据图纸要求连接电路，如图 10-29 所示。

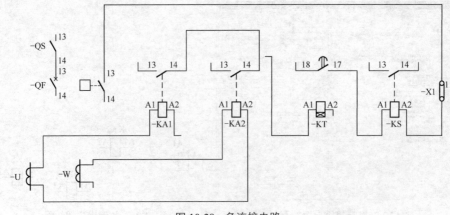

图 10-28　角连接电路

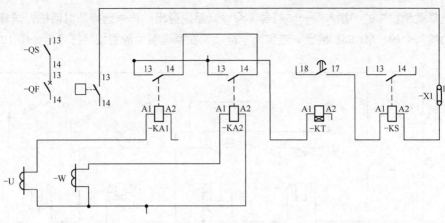

图 10-29　T 节点连接电路

（6）选择菜单栏中的"插入"→"电位连接点"命令，单击鼠标放置电位连接点，结果如图 10-30 所示。

（7）选择菜单栏中的"插入"→"连接符号"→"中断点"命令，在图纸中单击鼠标插入中断点，如图 10-31 所示。

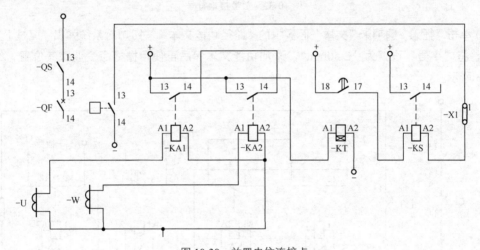

图 10-30　放置电位连接点

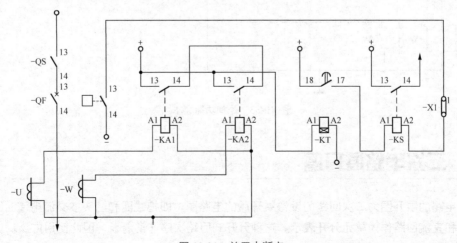

图 10-31　放置中断点

（8）选择菜单栏中的"插入"→"符号"命令，系统弹出"符号选择"对话框，选择"电气工程的特殊功能"中的"MASSE 接地，连机壳"选项，在原理图中放置接地符号，如图 10-32 所示。

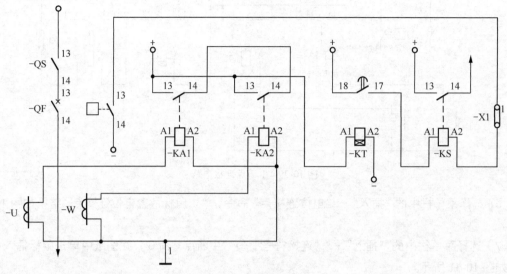

图 10-32　放置接地符号

（9）单击"插入"选项卡"文本"面板中的"路径功能文本"按钮 |T|，系统弹出"属性（文本）"对话框，将"字号"设置为"2.50mm"，添加功能文本然后再使用栅格命令调整其位置，结果如图 10-33 所示。

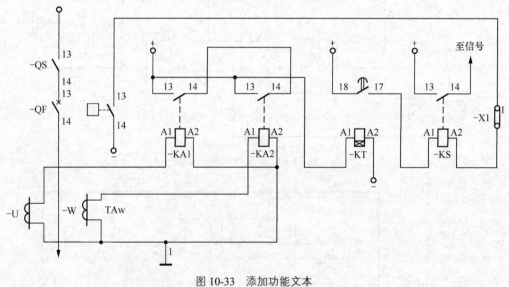

图 10-33　添加功能文本

10.4　二次电路展开图

　　二次电路的展开图为二次回路的设备展开后的电路图，即把线圈和触头按交流电流回路、交流电压回路和直流回路作为单元分开表示。这种分开式回路次序非常清晰，因此使用广泛。

注意

展开图的绘制一般是将电路分成几部分，如交流电流回路、交流电压回路、直流操作回路和信号回路等，每一部分又分为很多行。交流回路按 L1、L2、L3 的相序，直流回路按继电器的动作顺序自上至下排列。同一回路内的线圈和触头按电流通过的路径自左向右排列。在每一行中，各元件的线圈和触头是按照实际连接顺序排列的。在每一个回路的右侧配有文字说明。

（1）在"页"导航器中双击原理图页 4，进入"=CA1+SAA/4 二次电路展开图"编辑环境。

（2）复制已绘制的电流保护二次电路，删除多余电路元件与连接线，结果如图 10-34 所示。

（3）选择菜单栏中的"插入"→"符号"命令，系统弹出"符号选择"对话框，选择"GB_single_symbol"→"电气工程"→"变频器，变压器和整流器"中的"LSW1A 电流互感器（1 路径），4 连接点"选项，在原理图中放置电流互感器符号，结果如图 10-35 所示。

（4）双击元件，系统弹出属性设置对话框，修改元件 KA1、KA2 的设备标识符与显示符号，复制线圈与常开触点，修改为跳闸线圈 YR、动合触头 KS，结果如图 10-36 所示。

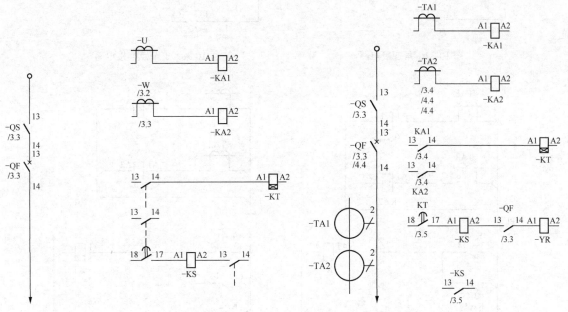

图 10-34 复制电路　　　图 10-35 放置电流互感器符号　　　图 10-36 复制元件

（5）选择菜单栏中的"插入"→"连接符号"→"角"命令，根据图纸要求连接电路，如图 10-37 所示。

（6）选择菜单栏中的"插入"→"连接符号"→"T 节点"命令，根据图纸要求连接电路，如图 10-38 所示。

（7）选择菜单栏中的"插入"→"符号"命令，系统弹出"符号选择"对话框，选择"电气工程的特殊功能"中的"MASSE 接地，连机壳"选项，在原理图中放置接地符号，如图 10-39 所示。

（8）选择菜单栏中的"插入"→"连接符号"→"中断点"命令，在图纸中放置中断点，如图 10-40 所示。

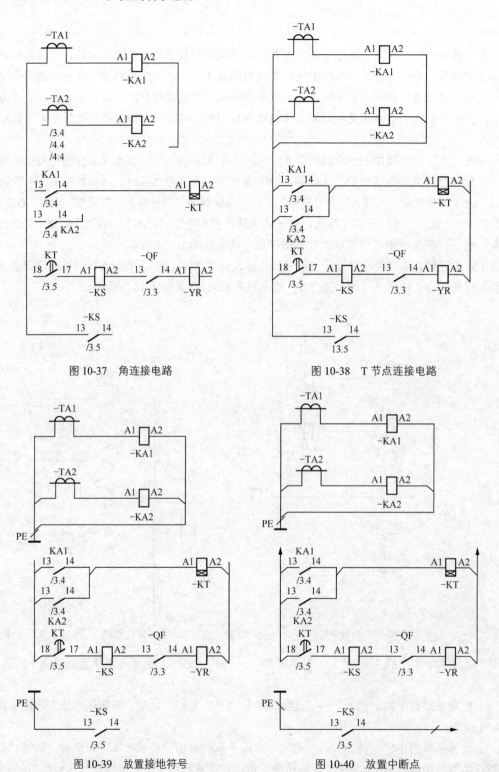

图 10-37　角连接电路　　　　　　图 10-38　T 节点连接电路

图 10-39　放置接地符号　　　　　　图 10-40　放置中断点

（9）单击"插入"选项卡"图形"面板中的"文本"按钮 T，系统弹出"属性（文本）"对话框，将"字号"设置为"2.50mm"，结果如图 10-41 所示。

（10）单击"插入"选项卡"图形"面板中的"路径功能文本"按钮，系统弹出"属性（文本）"对话框，将"字号"设置为"2.50mm"，输入文字并调整其位置，结果如图 10-42 所示。

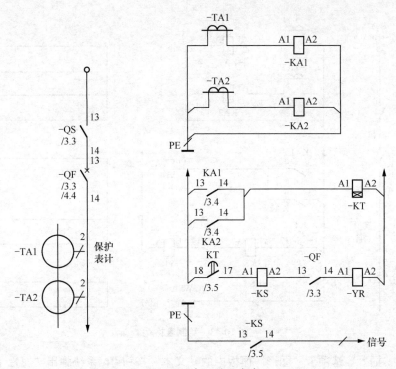

图 10-41　插入注释文本

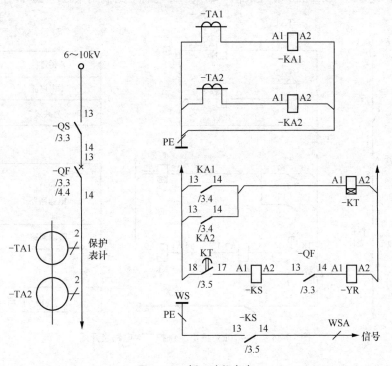

图 10-42　插入功能文本

（11）单击"插入"选项卡"图形"面板中的"长方形"按钮□和"直线"按钮，打开栅格捕捉功能，绘制注释表格，绘制结果如图 10-43 所示。

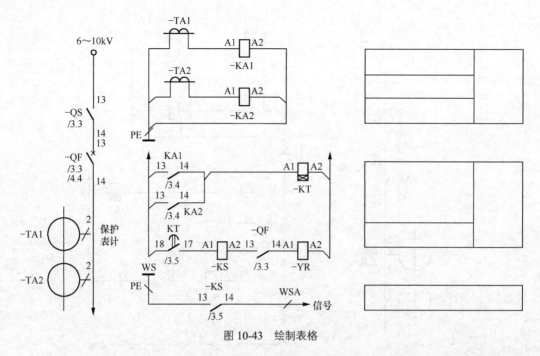

图 10-43　绘制表格

（12）单击"插入"选项卡"图形"面板中的"文本"按钮T，系统弹出"属性（文本）"对话框，将"字号"设置为"3.50mm"，在表格中输入回路名称。绘制结果如图10-44所示。

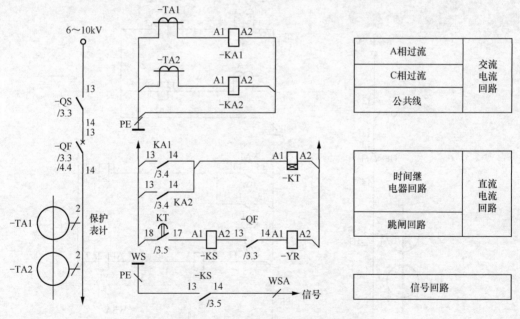

图 10-44　6～10kV 过电流保护二次电路展开图

注意

输入竖排文本可以用两种方法。

方法1：打开"格式"选项卡，在"位置框"选项下勾选"激活位置框""固定文本宽度""移除换行符"复选框，如图10-45所示。

方法 2: 打开"文本"选项卡, 在"文本"文本框中输入单个文本后, 按下快捷组合键<Ctrl+Enter>, 文本换行, 如图 10-46 所示。

图 10-45 "格式"选项卡

图 10-46 "文本"选项卡

图 10-44 所示是与图 10-33 所示 6~10kV 过电流保护二次电路原理图对应的展开图。图中左侧为示意图, 表示主接线及保护装置所连接的电流互感器在一次系统中的位置; 右侧为保护回路的展开图, 由交流回路、直流操作回路、信号回路 3 部分组成。交流回路由电流互感器的二次绕组供电。电流互感器只装在 L1、L2 两相上, 每相分别接入一只电流继电器线圈, 然后用一根公共线引回, 构成不完全的星形接线。直流操作回路两侧的竖线表示正、负电源, 上面两行为时间继电器的启动回路, 第三行为跳闸回路。其动作过程为: 当被保护的线路发生过电流时, 电流继电器 KA1 或 KA2 动作, 其动合触头 KA1 (1-2)、KA2 (1-2) 闭合, 接通时间继电器 KT 的线圈回路。时间继电器 KT 动作后, 经过整定时限后, 延时闭合的动合触头 KT (1-2) 闭合, 接通跳闸回路。断路器在合闸状态时与主轴联动的常开辅助触头 QF (1-2) 处于闭合位置。因此在跳闸线圈 YR 中有电流流过时, 断路器跳闸。同时, 串联于跳闸回路中的信号继电器 KS 动作并掉牌, 其在信号回路中的动合触头 KS (1-2) 闭合, 接通信号小母线 WS 和 WSA。WS 接信号正电源, 而 WSA 经过光字牌的信号灯接负电源, 光字牌点亮, 给出正面标有"掉牌复归"的灯光信号。

第11章

车床控制系统电路图设计实例

内容简介

　　CA6140 型普通车床是我国自主设计制造的一种车床，车床最大工件回转半径为 160mm，最大工件长度为 500mm。CA6140 型车床电气控制电路包括主电路、控制电路及照明电路。从电源到三台电动机的电路为主电路，这部分电路中通过的电流大；由接触器、继电器组成的电路为控制电路，采用 110V 电源供电；照明电路中指示灯的电压为 6V，照明灯的电压为 24V（安全电压）。

内容要点

- 绘制主电路
- 绘制控制电路
- 绘制照明电路
- 绘制分页电路

案例效果

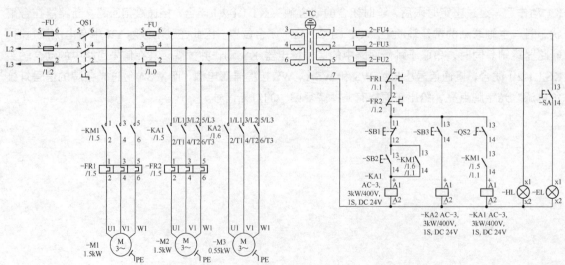

车床控制系统电路图

11.1 设置绘图环境

1. 创建项目

（1）选择菜单栏中的"项目"→"新建"命令，系统弹出如图 11-1 所示的"创建项目"对话框，在"项目名称"文本框中输入创建的新项目名称"Lathe control system"，在"默认位置"文本框中选择项目文件的路径，在"基本项目"下拉列表中选择项目模板"IEC_bas001.zw9"。

（2）单击"确定"按钮，系统显示项目创建进度，如图 11-2 所示，创建完成后，系统弹出"项目属性"对话框，显示当前项目的图纸的参数属性。默认"属性名-数值"列表中的参数，如图 11-3 所示，单击"确定"按钮，关闭对话框，在"页"导航器中显示创建的新项目 "Lathe control system"，删除默认添加的图纸页，结果如图 11-4 所示。

图 11-1 "创建项目"对话框

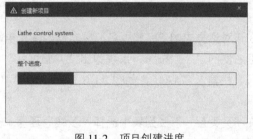

图 11-2 项目创建进度

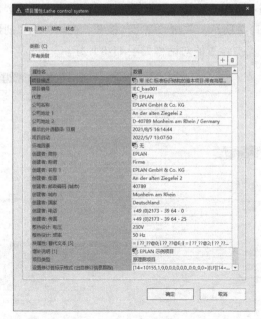

图 11-3 显示参数属性

图 11-4 "页"导航器中的新项目

2. 创建图页

在"页"导航器中选中项目"Lathe control system",选择菜单栏中的"页"→"新建"命令,或在"页"导航器中选中项目名称,单击鼠标右键,选择"新建"命令,系统弹出如图 11-5 所示的"新建页"对话框。

图 11-5 "新建页"对话框 1

在该对话框中的"完整页名"文本框内输入电路图页名称,默认名称为"/1",单击"完整页名"文本框右侧的"…"按钮,系统弹出"完整页名"对话框,在"高层代号"栏输入"CC1",在"位置代号"栏输入"AA1",如图 11-6 所示。单击"确定"按钮,关闭对话框。返回"完整页名"对话框。

在"页类型"下拉列表中选择"多线原理图(交互式)"选项,在"页描述"文本框中输入图纸描述"CA6140 车床电气控制电路原理图",在"属性名-数值"列表中默认显示图纸的表格名称、图框名称、比例与栅格(大小)。在"属性"列表中单击"新建"按钮 +,系统弹出"属性选择"对话框,选择"创建者的特别注释"属性,如图 11-7 所示,单击"确定"按钮,在添加的"创建者的特别注释"栏的"数值"列输入"三维书屋",完成设置的对话框如图 11-8 所示。

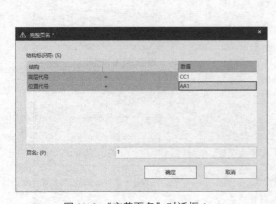

图 11-6 "完整页名"对话框 1

图 11-7 "属性选择"对话框

图 11-8　"新建页"对话框 2

单击"确定"按钮，在"页"导航器中创建原理图页 1。在"页"导航器中显示添加原理图页，如图 11-9 所示。

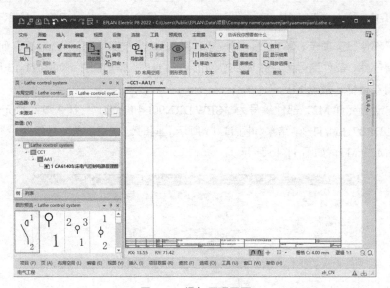

图 11-9　添加原理图页

11.2　绘制主电路

主电路有 3 台电动机：M1 为主轴电动机，拖动主轴带着工件旋转，并通过进给运动链实现车床刀架的进给运动，由 KM1 控制单向运转；M2 为冷却泵电动机，拖动冷却泵输出冷却液，由 KA1 控制运转；M3 为溜板与刀架快速移动电动机，拖动溜板实现快速移动，由 KA2 控制单向运转。

1. 插入电动机元件

（1）选择菜单栏中的"插入"→"符号"命令，系统弹出如图 11-10 所示的"符号选择"对话框，在该对话框中选择需要的元件，完成元件选择后，单击"确定"按钮，在原理图中的光标上显示浮动的元件符号，选择需要放置的位置，单击鼠标，在原理图中放置元件，系统自动弹出"属性（元件）：常规设备"对话框，在"显示设备标识符"文本框中输入设备标识符"-M1"，如图 11-11 所示。

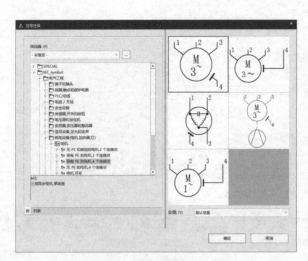

图 11-10 "符号选择"对话框 1　　　　图 11-11 "属性（元件）：常规设备"对话框 1

（2）打开"部件"选项卡，单击"…"按钮，系统弹出"部件选择"对话框，如图 11-12 所示，选择电动机设备部件，部件编号为"SEW.DRN90L4/FE/TH"，添加部件，如图 11-13 所示。单击"确定"按钮，关闭对话框，放置 M1。

（3）插入电动机元件 M2，部件编号为"SEW.DRN90L4/FE/TH"；插入电动机元件 M3，部件编号为"SEW.K19DRS71M4/TF"，结果如图 11-14 所示。同时，在"设备"导航器中显示新添加的电动机元件 M1、M2、M3，如图 11-15 所示。

图 11-12 "部件选择"对话框 1

图 11-13　添加部件 1

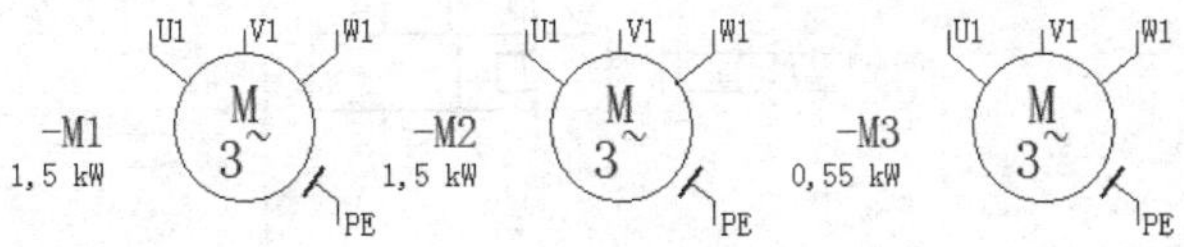

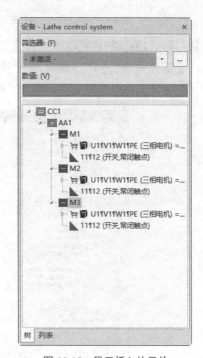

图 11-14　插入电动机元件

图 11-15　显示插入的元件

提示

直接插入元件符号，不添加部件，在"设备"导航器中显示电动机元件，如图 11-16 所示。为插入的元件 M3 添加部件"SEW.K19DRS71M4/TF"。也可以直接选择菜单栏中的"插入"→"设备"命令，插入设备"SEW.K19DRS71M4/TF"，如图 11-17 所示。

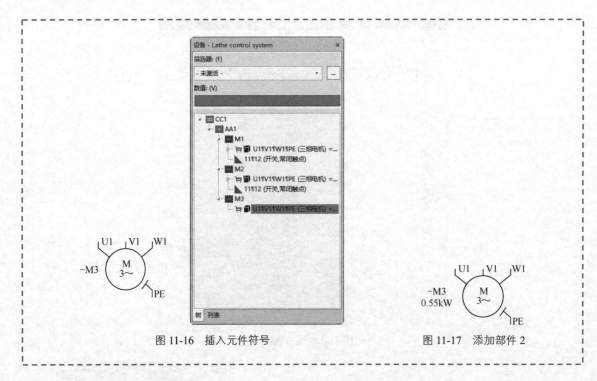

图 11-16　插入元件符号　　　　　　　　图 11-17　添加部件 2

2. 插入过载保护热继电器

（1）选择菜单栏中的"插入"→"符号"命令，系统弹出如图 11-18 所示的"符号选择"对话框，选择需要的热过载继电器，单击"确定"按钮，关闭对话框。

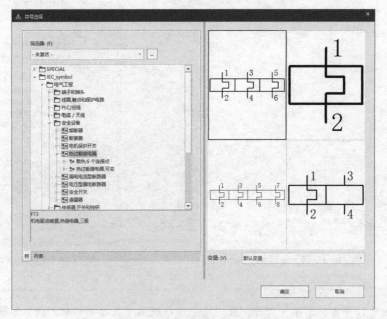

图 11-18　"符号选择"对话框 2

（2）这时光标变成十字形状并附加一个交叉记号，将光标移动到原理图中电动机元件的垂直上方位置，单击鼠标完成元件符号插入，系统自动弹出"属性（元件）：常规设备"对话框，输入设备标识符 FR1，完成属性设置后，单击"确定"按钮，关闭对话框，显示插入在原理图中的与电动机元件 M1 自动连接的热过载继电器元件 FR1，此时鼠标仍处于插入熔断器元件符号的状态，用同样的方法，插入热过载继电器 FR2，如图 11-19 所示。单击鼠标右键，选择"取消操作"命令或按<Esc>键即可退出该操作步骤。

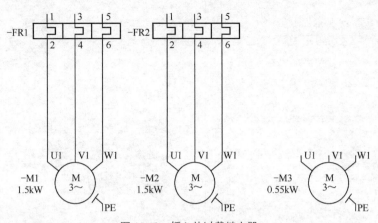

图 11-19　插入热过载继电器

3. 插入接触器常开触点

（1）选择菜单栏中的"插入"→"符号"命令，系统弹出如图 11-20 所示的"符号选择"对话框，选择需要的常开触点，单击"确定"按钮，关闭对话框。

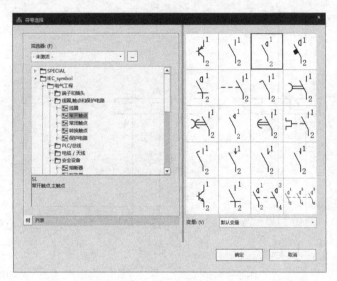

图 11-20　"符号选择"对话框 3

（2）这时光标变成十字形状并附加一个交叉记号，单击鼠标将元件符号插入原理图，系统自动弹出"属性（元件）：常规设备"对话框，输入设备标识符 KM1，如图 11-21 所示，完成属性设置后，单击"确定"按钮，关闭对话框，显示插入在原理图中的与热过载继电器元件 FR1 自动连接的常开触点 KM1 的 1、2 连接点。

（3）此时光标仍处于插入常开触点元件符号的状态，继续插入 KM1 常开触点，系统自动弹出"属性（元件）：常规设备"对话框，设备标识符为空，连接点代号为"3¶4"，如图 11-22 所示，插入常开触点 KM1 的 3、4 连接点，用同样的方法，继续插入 KM1 常开触点的 5、6 连接点，单击鼠标右键，选择"取消操作"命令或按<Esc>键即可退出该操作，如图 11-23 所示。

图 11-21 "属性（元件）：常规设备"对话框 2

图 11-22 "属性（元件）：常规设备"对话框 3

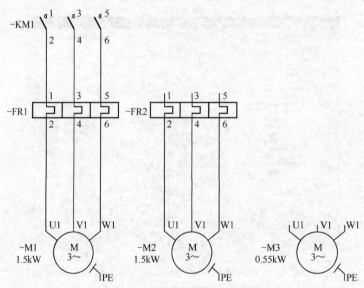

图 11-23 插入接触器常开触点 KM1

4. 插入继电器

（1）选择菜单栏中的"插入"→"设备"命令，系统弹出如图 11-24 所示的"部件选择"对话框，选择需要的接触器，设备编号为"SIE.3RT2015-1BB41-1AA0"，单击"确定"按钮，单击鼠标左键插入元件，如图 11-25 所示。

图 11-24 "部件选择"对话框 2

图 11-25 放置继电器

用同样的方法,插入继电器 KA2。

(2)双击继电器线圈 K1,系统弹出"属性(元件):常规设备"对话框,如图 11-26 所示,在"显示设备标识符"文本框中输入设备标识符 KA1。将中间继电器线圈 KA1 放置在一侧,用于后面控制电路的绘制。

图 11-26 "属性(元件):常规设备"对话框 4

（3）将继电器 KA1、KA2 主触点放置到 M2、M3 上，结果如图 11-27 所示。

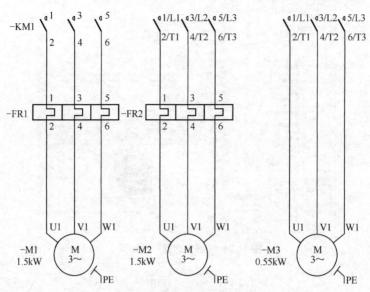

图 11-27　插入继电器主触点

（4）选择菜单栏中的"插入"→"路径功能文本"命令，系统弹出"属性（路径功能文本）"对话框，在"文本"文本框中输入"KA1"，打开"格式"选项卡，在"字号"下拉列表中选择"2.50mm"，在"颜色"栏中选择蓝色，如图 11-28 所示。

（a）"文本"选项卡　　　　　　　　　（b）"格式"选项卡

图 11-28　"属性（路径功能文本）"对话框

（5）单击"确定"按钮，关闭对话框，在图纸适当位置单击鼠标插入功能文本，继续放置 KA2，完成插入后，单击右键，选择"取消操作"命令或按<Esc>键，便可退出操作步骤，结果如图 11-29 所示。

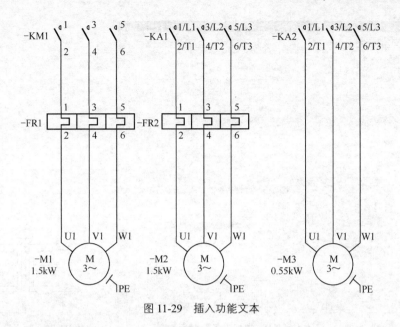

图 11-29　插入功能文本

11.3　绘制控制电路

控制电路中控制变压器 TC 二次侧输出 110V 电压作为控制回路的电源，SB2 为主轴电动机 M1 的启动按钮，SB1 为主轴电动机 M1 的停止按钮，SB3 为快速移动电动机 M3 的点动按钮，手动开关 QS2 为冷却泵电动机 M2 的控制开关。

1. 插入变压器

选择菜单栏中的"插入"→"符号"命令，系统弹出如图 11-30 所示的"符号选择"对话框，选择需要的变压器，完成元件选择后，单击"确定"按钮，原理图中在光标上显示浮动的元件符号，选择需要插入的位置，单击鼠标，在原理图中插入元件符号，系统自动弹出"属性（元件）：常规设备"对话框，如图 11-31 所示，在"显示设备标识符"文本框中输入设备标识符"-TC"，单击"确定"按钮，完成设置，插入结果如图 11-32 所示。

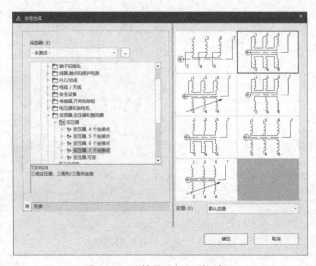

图 11-30　"符号选择"对话框 4

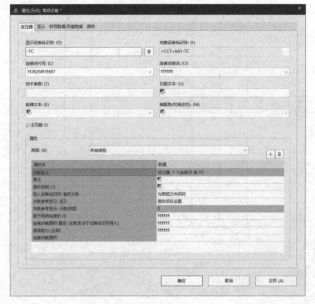

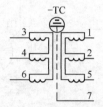

图 11-31 "属性（元件）：常规设备"对话框 5　　　　图 11-32 插入变压器

2. 插入熔断器

选择菜单栏中的"插入"→"符号"命令，系统弹出如图 11-33 所示的"符号选择"对话框，选择需要的熔断器，完成元件选择后，单击"确定"按钮，在原理图中光标上显示浮动的元件符号，选择需要插入的位置，单击鼠标，在原理图中插入熔断器，系统自动弹出"属性（元件）：常规设备"对话框，在"显示设备标识符"文本框中输入设备标识符"－FU2"，单击"确定"按钮，完成设置。

此时光标仍处于插入熔断器的状态，继续插入熔断器 FU3、FU4，结果如图 11-34 所示。

图 11-34 中出现文字与图形叠加的情况，选中叠加的元件，单击鼠标右键选择"文本"→"移动属性文本"命令，激活属性文本移动命令，单击需要移动的属性文本，将其插入元件一侧，结果如图 11-35 所示。

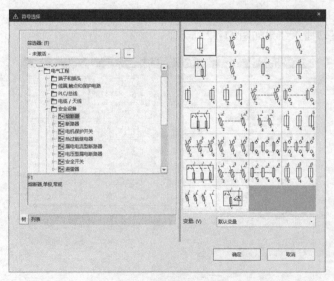

图 11-33 "符号选择"对话框 5

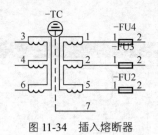

图 11-34 插入熔断器

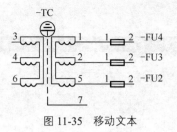

图 11-35 移动文本

3. 插入保护热继电器常闭触点

选择菜单栏中的"插入"→"符号"命令，系统弹出如图 11-36 所示的"符号选择"对话框，选择需要的常闭触点，完成元件选择后，单击"确定"按钮，在原理图中光标上显示浮动的元件符号，选择需要插入的位置，单击鼠标，在原理图中插入常闭触点，系统自动弹出"属性（元件）：常规设备"对话框，在"显示设备标识符"文本框中输入设备标识符"–FR1"，单击"确定"按钮，完成设置，常闭触点插入结果如图 11-37 所示。

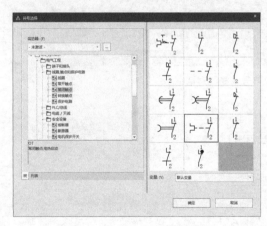

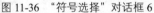

图 11-36 "符号选择"对话框 6

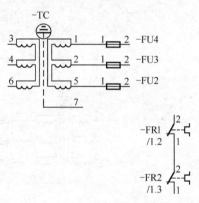

图 11-37 插入常闭触点

4. 添加角节点

选择菜单栏中的"插入"→"连接符号"→"角（左下）"命令，或单击功能区"插入"选项卡"符号"面板中的"左下角"按钮，添加角节点，结果如图 11-38 所示。添加完毕，单击鼠标右键，选择"取消操作"命令或按<Esc>键即可退出该操作。

5. 插入开关/按钮

选择菜单栏中的"插入"→"符号"命令，系统弹出如图 11-39 所示的"符号选择"对话框，选择需要的开关/按钮，在原理图中插入 SB1、SB2、SB3、KM1、QS2，插入结果如图 11-40 所示。

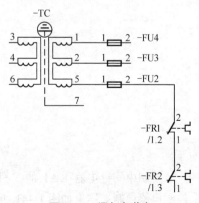

图 11-38 添加角节点

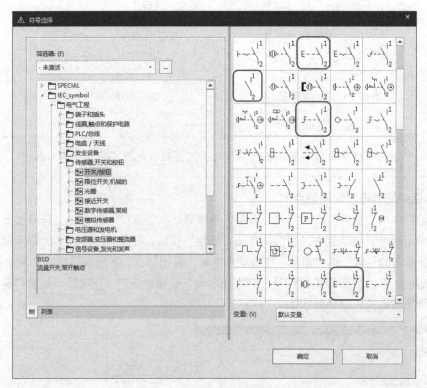

图 11-39 "符号选择"对话框 7

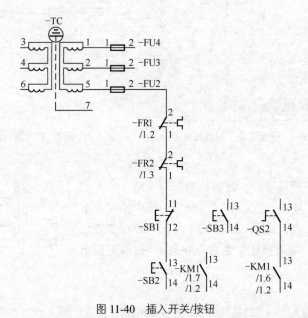

图 11-40 插入开关/按钮

复制中间继电器 KA1 的线圈,利用节点连接与角连接,将线圈与开关/按钮连接,至此,完成控制电路绘制。结果如图 11-41 所示。

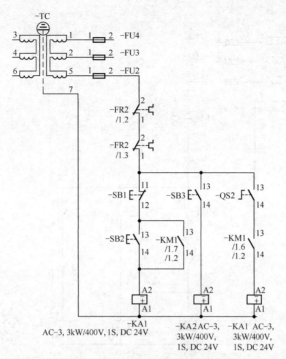

图 11-41　控制电路绘制结果

11.4　绘制照明电路

机床照明电路由控制变压器 TC 供给交流 24V 安全电压，并由手控开关 SA 直接控制照明灯 EL；机床电源信号灯 HL 由控制变压器 TC 供给 6V 电压，当机床引入电源后点亮，提醒操作员机床已带电，要注意安全。

这里主要介绍在电路图中如何插入信号灯。

（1）选择菜单栏中的"插入"→"设备"命令，系统弹出如图 11-42 所示的"部件选择"对话框，选择需要的信号灯，设备编号为"SIE.3SU1001-6AA50-0AA0"，单击"确定"按钮，单击鼠标插入信号灯，如图 11-43 所示。

图 11-42　"部件选择"对话框 3

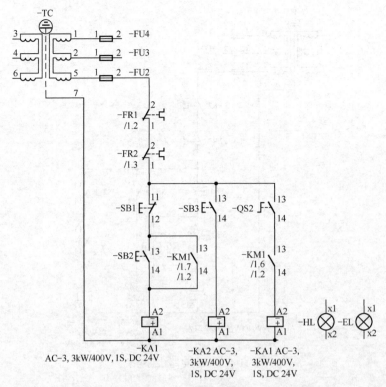

图 11-43　插入信号灯

（2）选择手控开关 QS，选择菜单栏中的"编辑"→"复制"命令，选择菜单栏中的"编辑"→
"粘贴"命令，粘贴手控开关，将设备标识符修改为"–SA"，结果如图 11-44 所示。

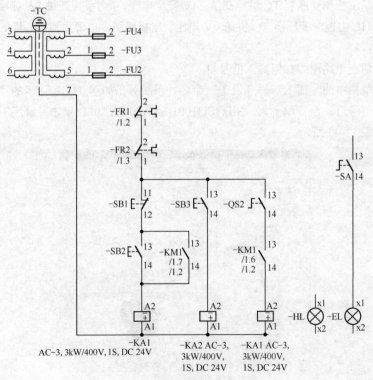

图 11-44　粘贴手控开关

（3）利用节点连接与角连接，连接控制电路与照明电路原理图。至此，完成照明电路绘制，结果如图 11-45 所示。

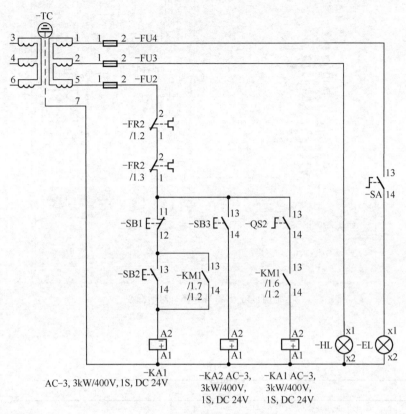

图 11-45　照明电路绘制结果

11.5　绘制辅助电路

控制电路、信号电路、照明电路均没有短路保护功能，因此需要对它们配置熔断器 FU2、FU3、FU4。

1. 插入熔断器

选择菜单栏中的"插入"→"符号"命令，系统弹出如图 11-46 所示的"符号选择"对话框，选择需要的熔断器，完成元件选择后，单击"确定"按钮，在原理图中光标上显示浮动的元件符号，选择需要插入的位置，单击鼠标，在原理图中插入熔断器，系统自动弹出"属性（元件）：常规设备"对话框，在"显示设备标识符"文本框中输入设备标识符"-FU"，单击"确定"按钮，完成设置。此时光标仍处于插入熔断器的状态，继续插入熔断器 FU1，结果如图 11-47 所示。

2. 插入控制开关

选择菜单栏中的"插入"→"符号"命令，系统弹出如图 11-48 所示的"符号选择"对话框，选择需要的开关，完成元件选择后，单击"确定"按钮，在原理图中光标上显示浮动的元件符号，选择需要放置的位置，单击鼠标，在原理图中插入开关，系统自动弹出"属性（元件）：常规设备"对话框，在"显示设备标识符"文本框中输入设备标识符"-SQ1"，单击"确定"按钮，完成设置，结果如图 11-49 所示。

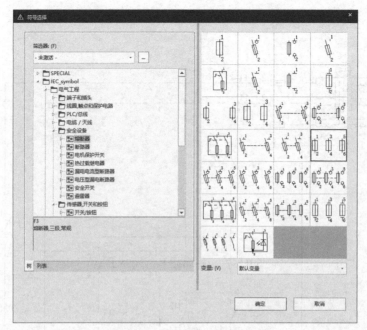

图 11-46 "符号选择"对话框 8

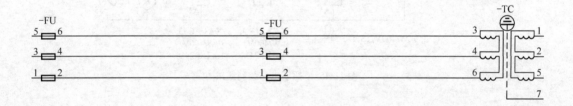

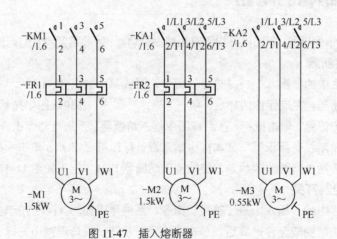

图 11-47 插入熔断器

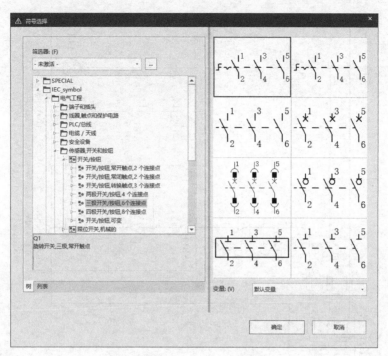

图 11-48　"符号选择"对话框 9

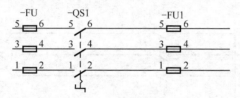

图 11-49　插入控制开关

3. 插入中断点

选择菜单栏中的"插入"→"连接符号"→"中断点"命令，此时光标变成十字形状并附加一个中断点符号➡，插入中断点 L1、L2、L3，如图 11-50 所示。中断点插入完毕，单击鼠标右键，选择"取消操作"命令或按<Esc>键即可退出该操作。

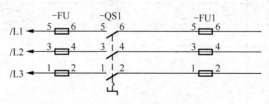

图 11-50　插入中断点

利用节点连接与角连接，连接控制电路与辅助电路，结果如图 11-51 所示。整个车床控制系统电路原理图如图 11-52 所示。

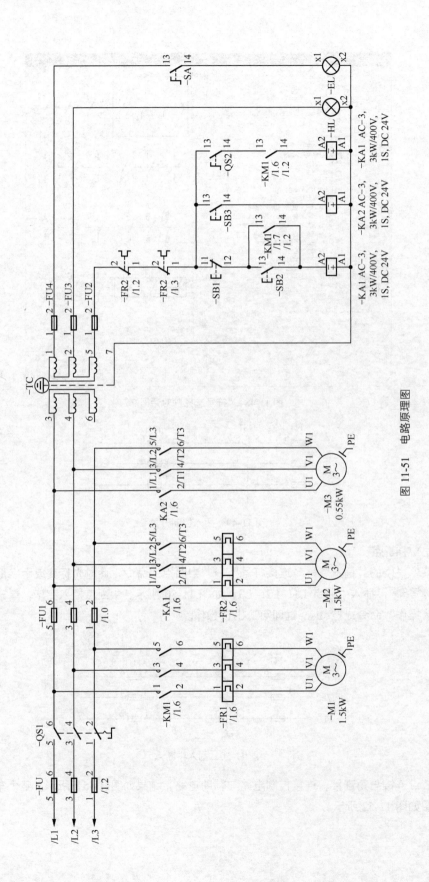

图 11-51　电路原理图

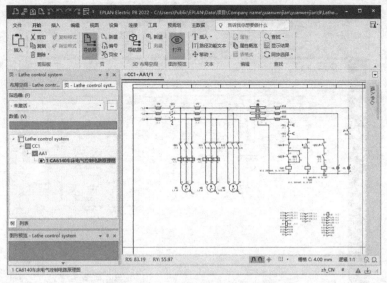

图 11-52　车床控制系统电路原理图

11.6　导出 PDF 文件

在"页"导航器中选择需要导出的图纸页 1，选择菜单栏中的"页"→"导出"→"PDF.."命令，系统弹出"PDF 导出"对话框，如图 11-53 所示。

图 11-53　"PDF 导出"对话框

单击"确定"按钮，在"\ Lathe control system.edb\DOC"目录下生成 PDF 文件"Lathe control system.pdf"，如图 11-54 所示。

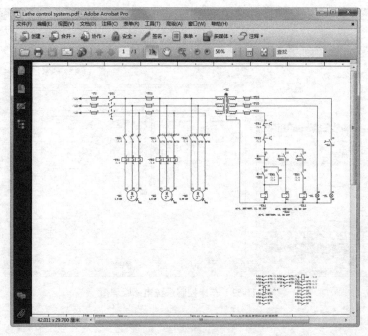

图 11-54　PDF 文件

11.7　创建分页电路

（1）在"页"导航器中选中项目"Lathe control system.elk"，选择菜单栏中的"页"→"新建"命令，或在"页"导航器中的项目名称上单击鼠标右键，选择"新建"命令，系统弹出如图 11-55 所示的"新建页"对话框。

图 11-55　"新建页"对话框 3

（2）在该对话框中"完整页名"文本框内输入电路图页名称"=CC1+AA1/2"，单击"…"按钮，系统弹出"完整页名"对话框,在该对话框中输入多页电路图的结构标识符,如图 11-56 所示。单击"确定"按钮,返回"新建页"对话框,在"页描述"文本框中输入"控制电路主电路",结果如图 11-57 所示。单击"应用"按钮,在"页"导航器中创建原理图页 2。

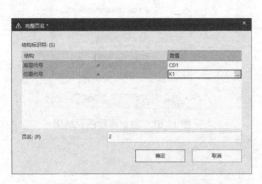

图 11-56 "完整页名"对话框 2

图 11-57 "新建页"对话框 4

(3)此时,"新建页"对话框中"完整页名"文本框内电路图页名称后缀自动递增为"/3",如图 11-58 所示。在"页描述"文本框输入图纸描述"控制电路控制电路"。单击"应用"按钮,在"页"导航器中重复创建原理图页 2。

(4)用同样的方法创建原理图页 4,在"页描述"文本框中输入图纸描述"控制电路照明电路",如图 11-59 所示。

(5)同样的方法创建原理图页 5,在"页描述"文本框中输入图纸描述"控制电路辅助电路",如图 11-60 所示。单击"确定"按钮,完成图页添加,在"页"导航器中显示添加原理图页结果,如图 11-61 所示。

图 11-58 创建原理图页 3

图 11-59 创建原理图页 4

图 11-60　创建原理图页 5　　　　　图 11-61　添加原理图页结果

11.8　分模块绘制主电路

分模块绘制主电路，如图 11-62 所示。

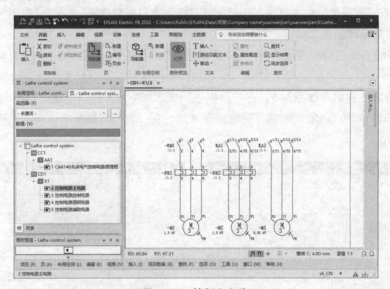

图 11-62　绘制主电路

1. 插入中断点

选择菜单栏中的"插入"→"连接符号"→"中断点"命令，此时光标变成十字形状并附加一个中断点符号 ➔，将光标移动到 KM1 上方，按<Tab>键，旋转中断点，单击鼠标插入中断点，在弹出的"属性（元件）：中断点"对话框的"显示设备标识符"文本框中输入设备标识符"A1"，如图 11-63 所示，此时光标仍处于插入中断点的状态，重复上述操作可以继续插入其他的中断点 A2、A3，如图 11-64 所示。中断点插入完毕，单击鼠标右键，选择"取消操作"命令或按<Esc>键即可退出该操作。

图 11-63 "属性（元件）：中断点"对话框

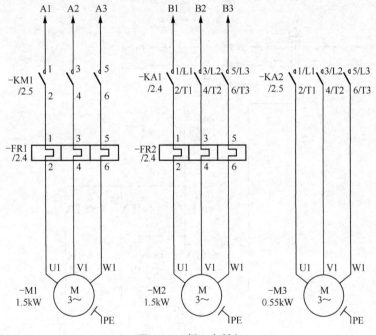

图 11-64 插入中断点

2. 添加连接节点

选择菜单栏中的"插入"→"连接符号"→"角"命令，或单击功能区"插入"选项卡"符号"面板中的"角"按钮，插入角；选择菜单栏中的"插入"→"连接符号"→"T 节点"命令，或单击功能区"插入"选项卡"符号"面板中的"T 节点"按钮，连接导线，结果如图 11-65 所示。插入完毕，单击鼠标右键，选择"取消操作"命令或按<Esc>键即可退出该操作。

用同样的方法，分模块绘制控制电路、照明电路、辅助电路，结果如图 11-66～图 11-68 所示。

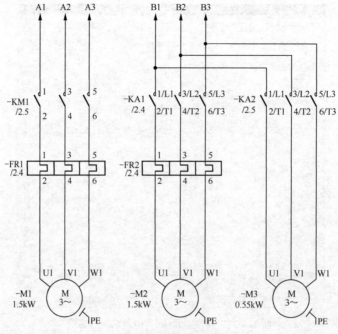

图 11-65 连接导线

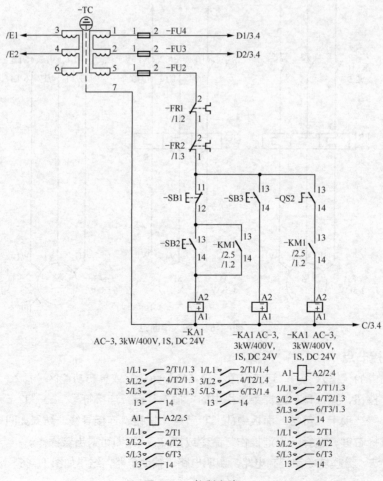

图 11-66 控制电路

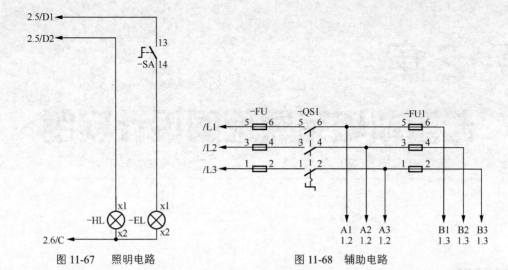

图 11-67　照明电路　　　　　　　图 11-68　辅助电路

第12章

起重机电气原理图设计实例

内容简介

机械电气原理图是电气系统原理图中应用最多的原理图，涉及所有电气元件的导电部分和接线端点，不涉及电器元件的实际位置、实际形状与实际尺寸。

本章将以起重机电气原理图为例，详细讲述电气原理图的绘制过程，在讲述过程中，带领读者认识、练习并绘制更多元件与电路图。

内容要点

- 绘制液压泵站电机电路
- 绘制主机走行电机电路
- 绘制通用变频器
- 绘制前吊梁走行电机电路
- 绘制后吊梁走行电机电路
- 绘制工业插座
- 绘制吊梁起吊电机电路
- 绘制起重机控制电路
- 绘制控制系统电路
- 绘制照明系统电路

案例效果

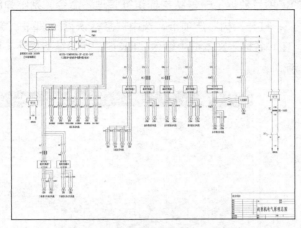

起重机电气原理总图

设置绘图环境 ◀◀◀◀

1. 创建项目

（1）选择菜单栏中的"项目"→"新建"命令，系统弹出"创建项目"对话框，如图 12-1 所示，在"项目名称"文本框中输入创建的新项目名称"Crane_Electrical_Project"，在"保存位置"文本框中选择项目文件的路径，在"基本项目"下拉列表中选择带 GB 标识结构的基本项目"GB_bas001.zw9"。

（2）单击"确定"按钮，系统弹出项目属性设置对话框，默认创建带 GB 标识结构的基本项目，如图 12-2 所示。单击"确定"按钮，在"页"导航器中显示创建的新项目"Crane_Electrical_Project.elk"，如图 12-3 所示。

图 12-1 "创建项目"对话框

图 12-2 项目属性设置对话框

2. 创建结构标识符

（1）选择菜单栏中的"项目数据"→"结构标识符管理"命令，系统弹出"结构标识符管理"对话框。选择"高层代号"，打开"树"选项卡，选中"空标识符"，单击"新建"按钮 $\boxed{+}$，系统弹出"新标识符"对话框，在"名称"文本框中输入"KK1"，在"结构描述"的右侧"数值"栏输入"原理图"，如图 12-4 所示。

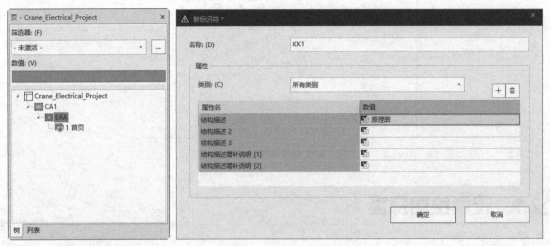

图 12-3　新项目　　　　　　　　　　　　图 12-4　"新标识符"对话框

（2）单击"确定"按钮，在"高层代号"中添加"KK1（原理图）"。用同样的方法，在"高层代号"中添加"KK2（系统图）""KK3（安装板）""KK4（模型视图）"，如图 12-5 所示。

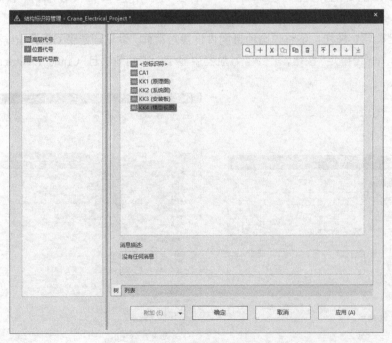

图 12-5　"高层代号"选项卡

（3）选择"位置代号"，单击"新建"按钮 $\boxed{+}$，创建位置代号标识符，如图 12-6 所示。单击"确定"按钮，关闭对话框。

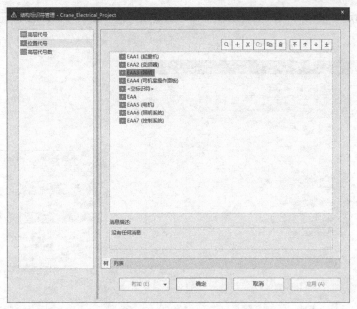

图 12-6 "位置代号"选项卡

12.2 绘制液压泵站电机电路

1. 创建图纸页

（1）在"页"导航器中选中项目名称，选择菜单栏中的"页"→"新建"命令，系统弹出"新建页"对话框，显示创建的图纸页完整页名为"2"。

（2）单击"完整页名"文本框右侧的"…"按钮，系统弹出"完整页名"对话框，如图 12-7 所示。单击"高层代号"右侧的"…"按钮，系统弹出"高层代号"对话框，选择定义的高层代号的结构标识符"KK1（原理图）"。单击"确定"按钮，关闭对话框。返回"完整页名"对话框。单击"位置代号"右侧的"…"按钮，系统弹出"位置代号"对话框，选择定义的位置代号的结构标识符"EAA5（电机）"，单击"确定"按钮，关闭对话框。返回"完整页名"对话框，如图 12-7 所示。

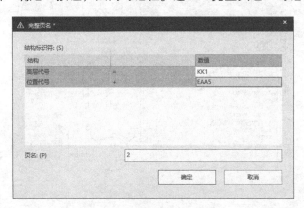

图 12-7 "完整页名"对话框 1

（3）单击"确定"按钮，关闭"完整页名"对话框，返回"新建页"对话框，默认"页类型"为"多线原理图（交互式）"，在"页描述"文本框中输入"液压泵站电机"，如图 12-8 所示。

（4）单击"确定"按钮，在"页"导航器中创建图纸页"=KK1+EAA5/2 液压泵站电机"，结果如图 12-9 所示。

图 12-8 创建图页 1　　　　　　　　　　　　　　图 12-9 新建图纸页

2. 插入电机元件

（1）选择菜单栏中的"插入"→"符号"命令，系统弹出如图 12-10 所示的"符号选择"对话框，选择"电机"中的"带有 PE 的电机，4 个连接点"选项，完成元件选择后，单击"确定"按钮，在光标上显示浮动的元件符号，单击鼠标插入电机元件。

（2）插入电机元件的同时系统自动弹出"属性（元件）：常规设备"对话框，如图 12-11 所示。在"功能文本"文本框中输入"3KW"，单击"确定"按钮，关闭对话框，显示插入的电机元件 M1，如图 12-12 所示。

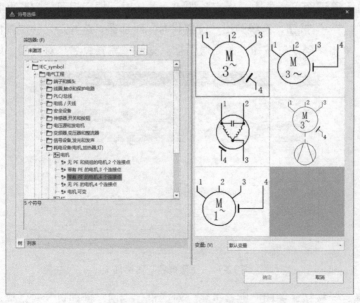

图 12-10 "符号选择"对话框

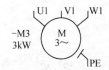

图 12-11　"属性（元件）：常规设备"对话框 1　　　图 12-12　显示插入的电机元件

3. 插入其余元件

在"符号选择"对话框中"GB_symbol"符号库下选择元件符号，如图 12-13 所示，选择路径如下。

• 隔离开关 Q40：选择"电气工程"→"传感器，开关和按钮"→"开关/按钮"→"三级开关/按钮"→"QLTR3_2"元件符号。

• 线圈常开主触点 KM40："电气工程"→"线圈，触点和保护电路"→"常开触点"→"三级常开触点，6 个连接点"→"SL3"元件符号。

（1）选择菜单栏中的"编辑"→"多重复制"命令，框选上面绘制的电路，向外拖动元件，确定复制的元件方向与间隔，系统弹出如图 12-14 所示的"多重复制"对话框。在"数量"文本框中输入"5"，即复制后元件个数为"5（复制对象）+1（源对象）"。

（2）单击"确定"按钮，系统弹出"插入模式"对话框，默认元件编号模式为"编号"，如图 12-15 所示，单击"确定"按钮，关闭对话框，复制结果如图 12-16 所示。

复制电路中主触点 KM 编号有误，需要手动进行修改，双击元件，系统弹出属性设置对话框，修改设备标识符，修改结果如图 12-17 所示。

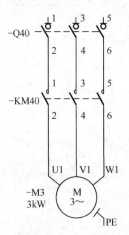

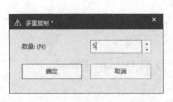

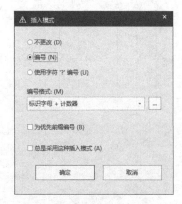

图 12-13　元件符号 1　　　图 12-14　"多重复制"对话框　　　图 12-15　"插入模式"对话框

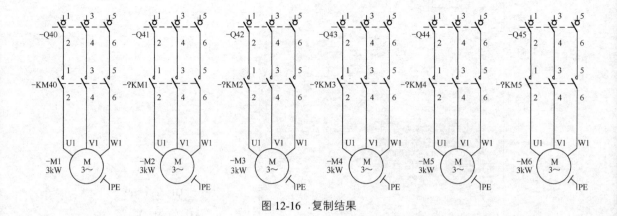

图 12-16　复制结果

图 12-17　设备标识符修改结果

选择菜单栏中的"插入"→"连接符号"→"中断点"命令，根据图纸要求添加中断点 A、B、C，如图 12-18 所示。

选择菜单栏中的"插入"→"连接符号"→"T 节点，向下"命令，插入 T 节点，如图 12-19 所示。

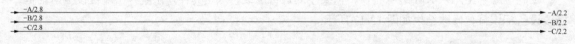

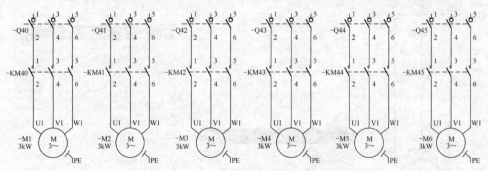

图 12-18　插入中断点

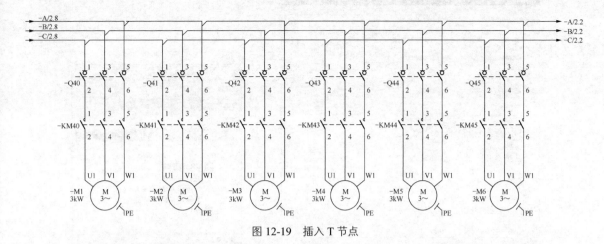

图 12-19　插入 T 节点

（3）单击"插入"选项卡"图形"面板中的"路径功能文本"按钮 |T|，系统弹出"属性（文本）"对话框，将"字号"设置为"3.50mm"，在电机下输入注释文字，将"后支腿泵站""辅支腿泵站"中的电机功率修改为 11kW，结果如图 12-20 所示。

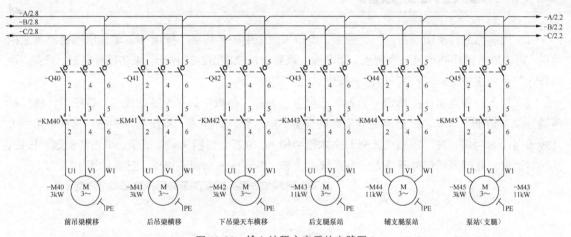

图 12-20　输入注释文字后的电路图 1

12.3　绘制主机走行电机电路

创建图纸页步骤如下。

（1）在"页"导航器中选中项目名称，选择菜单栏中的"页"→"新建"命令，系统弹出"新建页"对话框，默认"页类型"为"多线原理图（交互式）"，在"页描述"文本框中输入"主机走行电机"，如图 12-21 所示。

（2）单击"确定"按钮，在"页"导航器中创建图纸页"=KK1+EAA5/3 主机走行电机"，结果如图 12-22 所示。

图 12-21　创建图纸页 2

图 12-22　创建的图纸页

12.4　绘制通用变频器 ◀◀◀

（1）绘制黑盒。单击"插入"选项卡"设备"面板中的"黑盒"按钮，单击鼠标确定黑盒的角点，再次单击鼠标确定另一个角点，确定插入黑盒 U1，如图 12-23 所示。单击鼠标右键，选择"取消操作"命令或按<Esc>键即可退出该操作。

（2）插入设备连接点。单击"插入"选项卡"设备"面板中的"设备连接点"按钮，将光标移动到黑盒边框上，单击鼠标确定连接点的位置，插入输入连接点，系统自动弹出"属性（元件）：常规设备"对话框，在"连接点代号"文本框中输入"R2"，如图 12-24 所示。单击"确定"按钮，关闭对话框，此时光标仍处于插入设备连接点状态，继续插入其他连接点，结果如图 12-25 所示。

图 12-23　插入黑盒　　　　　　图 12-24　"属性（元件）：常规设备"对话框 2

（3）插入元件。在"符号选择"对话框中"GB_symbol"符号库下
选择元件符号，如图 12-26 所示，文件选择路径如下。

- 电机 M11：选择"电气工程"→"耗电设备（电机，加热器，
灯）"→"带有 PE 的电机，4 个连接点"→"M3"元件符号。

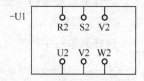

图 12-25 插入其他连接点

- 隔离开关 Q11、Q1：选择"电气工程"→"传感器，开关和按
钮"→"开关/按钮"→"三级开关/按钮"→"QLTR3_"元件符号。

- 线圈常开主触点 KM1："电气工程"→"线圈，触点和保护电路"→"常开触点"→"三级
常开触点，6 个连接点"→"SL3"元件符号。

（4）选择菜单栏中的"编辑"→"多重复制"命令，框选上面绘制的电路，向外拖动元件，确
定复制的元件方向与间隔，系统将弹出如图 12-14 所示的"多重复制"对话框。在"数量"文本框
中输入"3"，单击"确定"按钮，系统弹出"插入模式"对话框，默认元件编号模式为"编号"，单
击"确定"按钮，关闭对话框。手动修改元件设备标识符，结果如图 12-27 所示。

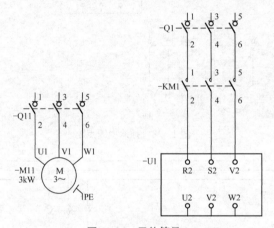

图 12-26 元件符号 2

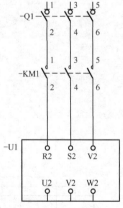

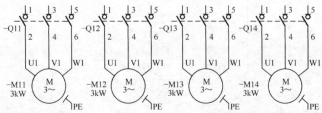

图 12-27 修改元件设备标识符

选择菜单栏中的"插入"→"连接符号"→"中断点"命令，根据图纸要求添加中断点 A、B、C，如图 12-28 所示。

选择菜单栏中的"插入"→"连接符号"→"角""T 节点"命令，连接电路，如图 12-29 所示。

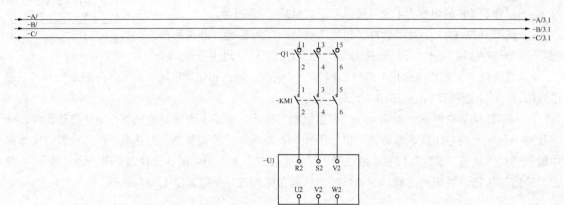

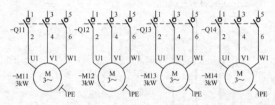

图 12-28　插入中断点

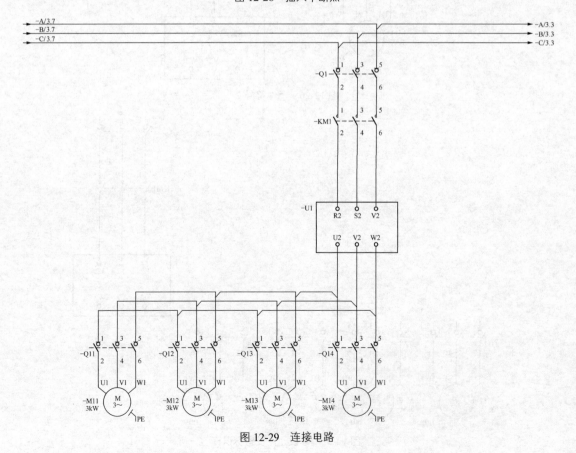

图 12-29　连接电路

（5）单击"插入"选项卡"图形"面板中的"路径功能文本"按钮 ⊥，系统弹出"属性（文本）"对话框，将"字号"设置为"3.50mm"，在变频器中输入注释文字"通用变频器 1"，双击电机，在"功能文本"文本框中输入"4KW"，结果如图 12-30 所示。

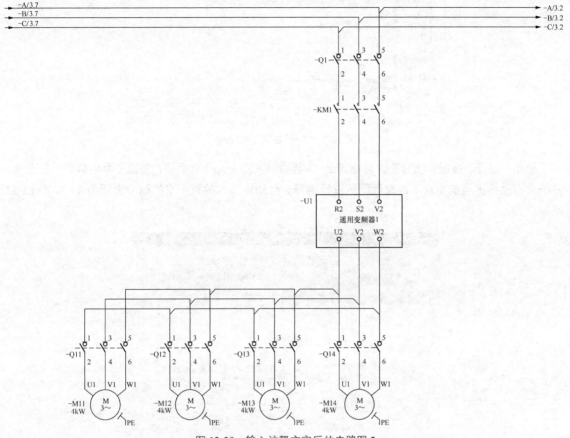

图 12-30 输入注释文字后的电路图 2

12.5 绘制前吊梁走行电机电路

1. 创建页宏

在"页"导航器中选中图页 3"主机走行电路"，选择菜单栏中的"页"→"页宏"→"创建"命令，系统将弹出如图 12-31 所示的宏"另存为"对话框，在"目录"文本框中输入宏目录，在"文件名"文本框中输入宏名称"ZJ"，在"描述"文本框中输入"主机行走电路"，单击"确定"按钮，关闭对话框，创建宏文件 ZJ.emp。

2. 插入页宏

在"页"导航器中选中该图页，选择菜单栏中的"页"→"页宏"→"插入"命令，系统弹出"打开"对话框，打开创建的宏文件 ZJ.emp，如图 12-32 所示。

图 12-31 "另存为"对话框

图 12-32　打开宏文件 ZJ.emp

单击"打开"按钮，此时系统自动弹出"调整结构-ZJ.emp"对话框，勾选"页名自动"复选框，系统会自动根据当前项目下的原理图页进行编号，自动将插入的页面宏的编号更新为 4，如图 12-33 所示。

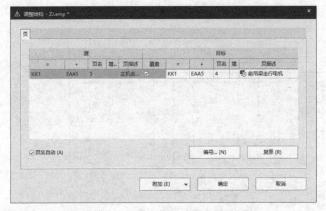

图 12-33　"调整结构-ZJ.emp"对话框

单击"确定"按钮，完成页面宏插入后，插入的原理图页在"页"导航器中显示，如图 12-34 所示。

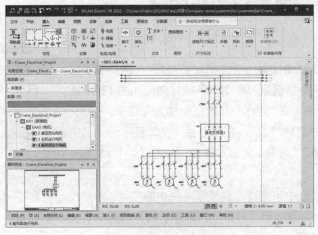

图 12-34　插入的原理图页

根据图纸修改元件参数与设备标识符，结果如图 12-35 所示。

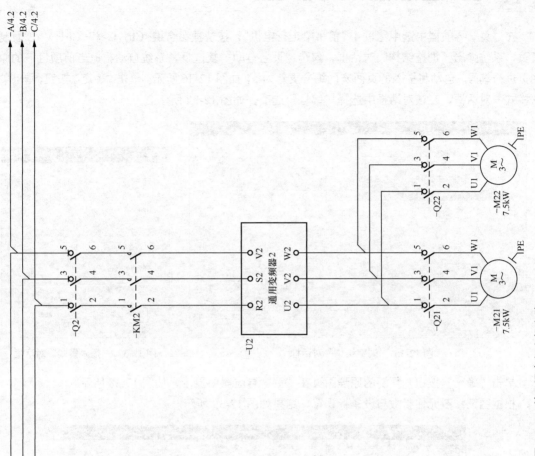

图 12-35 前吊梁走行电机电路

12.6 绘制后吊梁走行电机电路

在"页"导航器中选中图页 4"前吊梁走行电机",按快捷组合键<Ctrl+C>和<Ctrl+V>,复制图纸页,系统弹出"调整结构"对话框,勾选"页名自动"复选框,系统自动根据当前项目下的原理图页进行编号,自动将插入的页面宏的编号更新为 5,如图 12-36 所示。单击"确定"按钮,弹出"插入模式"对话框,在该对话框中选择"编号"选项,如图 12-37 所示。

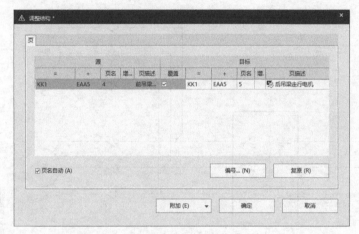

图 12-36 "调整结构"对话框

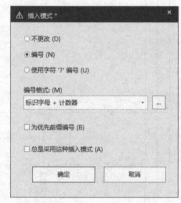

图 12-37 "插入模式"对话框

单击"确定"按钮,复制的原理图页在"页"导航器中显示,如图 12-38 所示。

根据图纸修改元件参数与设备标识符,结果如图 12-39 所示。

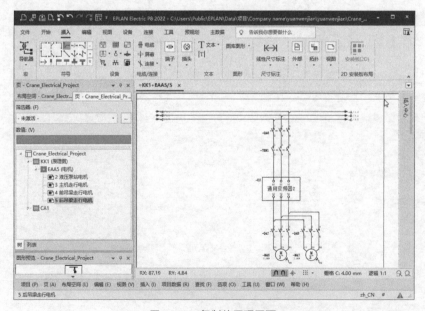

图 12-38 复制的原理图页

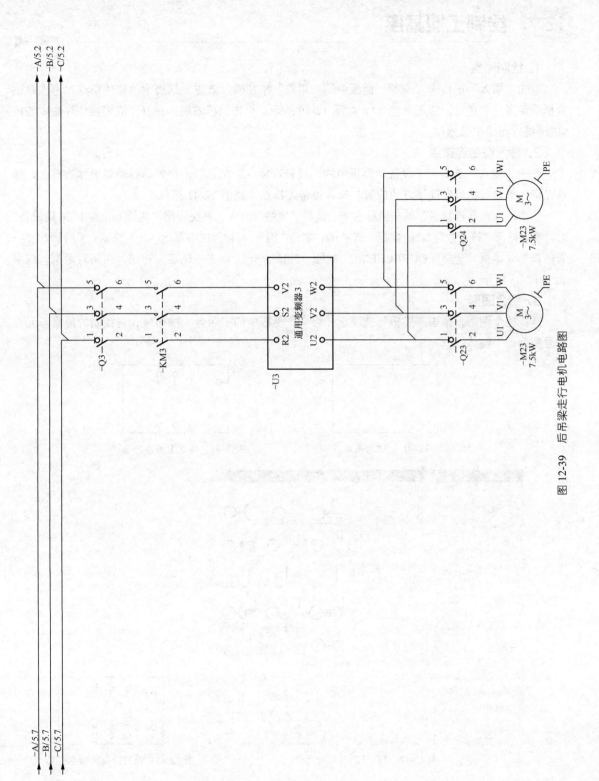

图 12-39 后吊梁走行电机电路图

12.7 绘制工业插座

1. 绘制黑盒

单击"插入"选项卡"设备"面板中的"黑盒"按钮🔲，单击鼠标确定黑盒的角点，再次单击鼠标确定另一个角点，插入黑盒 X1，如图 12-40 所示。单击鼠标右键，选择"取消操作"命令或按 <Esc> 键即可退出该操作。

2. 插入设备连接点

单击"插入"选项卡"设备"面板中的"设备连接点"按钮🔲，将光标移动到黑盒边框上，移动光标，单击鼠标确定连接点的位置，插入设备连接点，如图 12-41 所示。

选中所有设备连接点，单击鼠标右键，选择"属性"命令，系统弹出"属性（元件）：常规设备"对话框，打开"符号数据/功能数据"选项卡，单击"编号/名称"栏右侧的"…"按钮，系统弹出"符号选择"对话框，选择"DCPJICFEM"，如图 12-42 所示。单击"确定"按钮，关闭对话框，结果如图 12-43 所示。

3. 组合图形

选择整个图形，单击"编辑"选项卡"组合"面板中的"组合"按钮🔳，将绘制的黑盒与元件符号变为一个整体。

图 12-40　插入黑盒

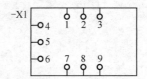

图 12-41　插入设备连接点

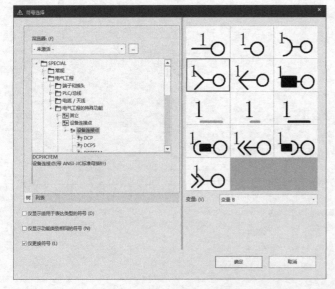

图 12-42　"符号选择"对话框

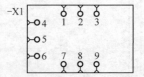

图 12-43　设置设备连接点符号

在"符号选择"对话框中选择"电气工程"→"传感器，开关和按钮"→"开关/按钮"→"三级开关/按钮"→"Q3_1"元件符号，插入辅助三级常开触点 KMB、KMD、KMG，如图 12-44 所示。

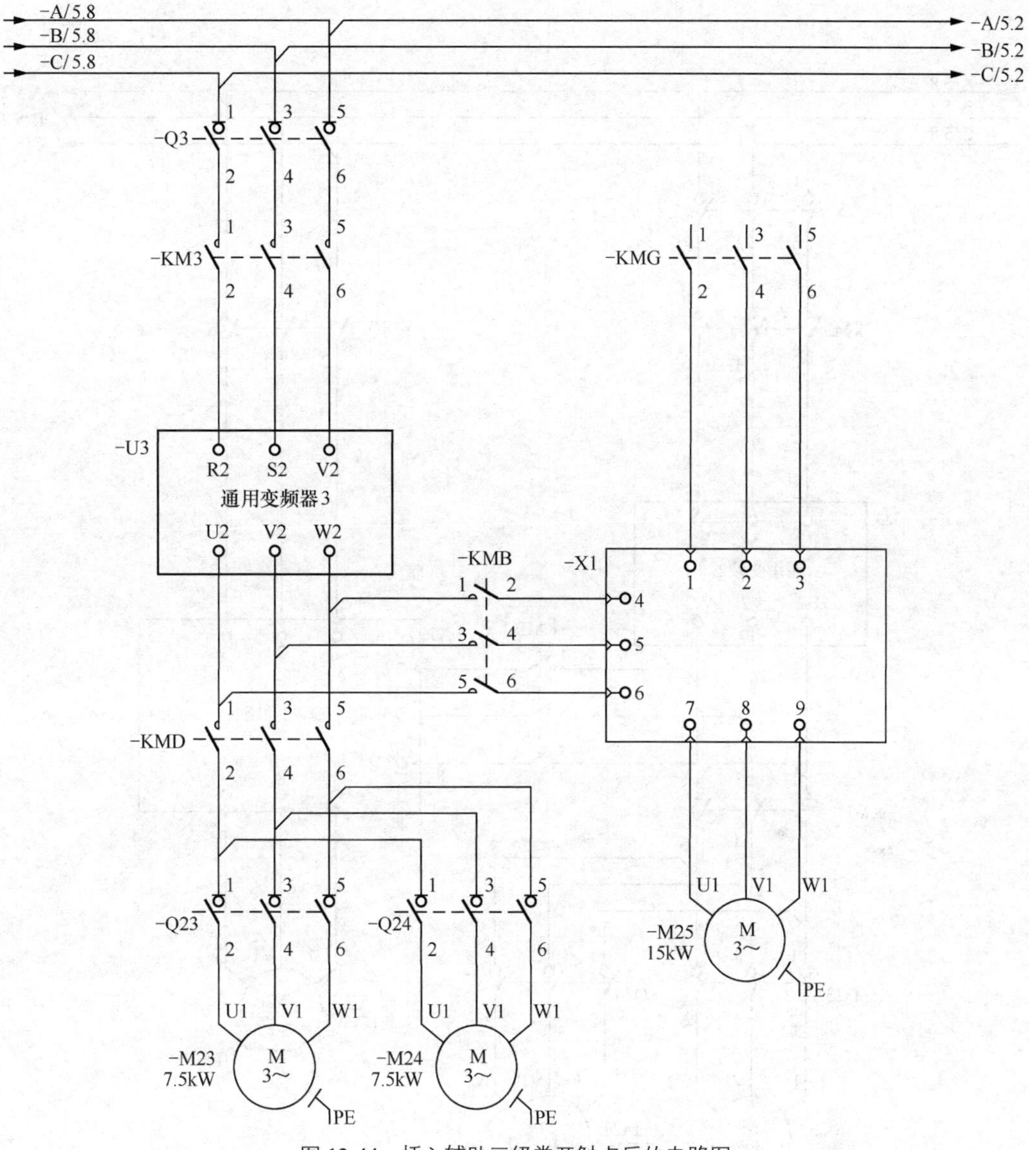

图 12-44 插入辅助三级常开触点后的电路图

选择菜单栏中的“插入”→“连接符号”→“T 节点”命令，连接电路，连接后的吊梁走行电路如图 12-45 所示。

单击“插入”选项卡“图形”面板中的“路径功能文本”按钮 [T]，系统弹出“属性（文本）”对话框，将“字号”设置为“3.50mm”，在电机下输入注释文字，结果如图 12-46 所示。

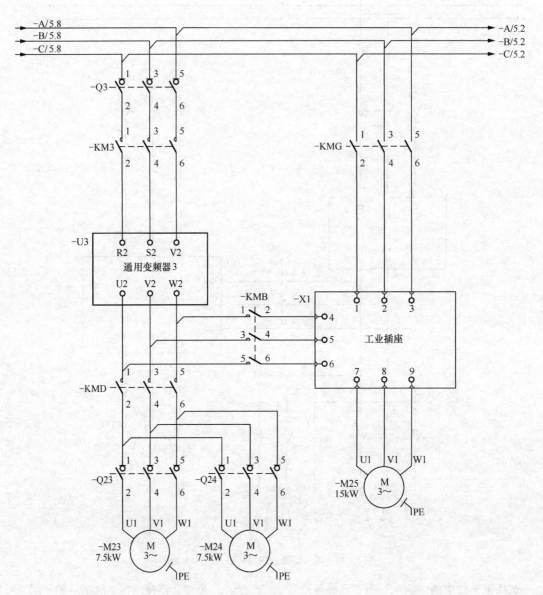

图 12-45　连接后的吊梁走行电机电路

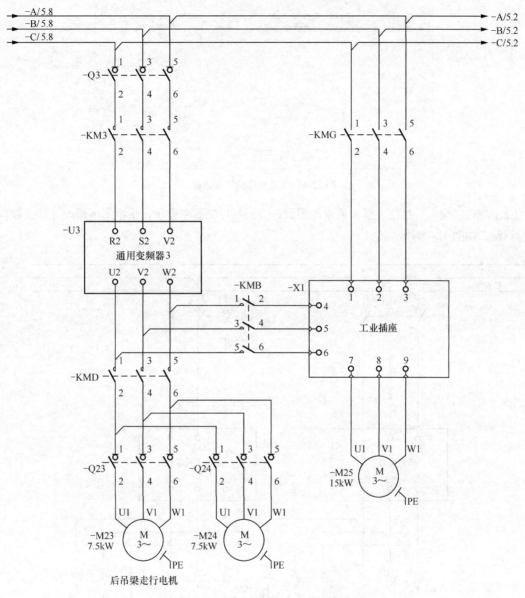

图 12-46 输入注释文字后的电路图

12.8 绘制吊梁起吊电机电路

（1）在"页"导航器中选中图页 4"前吊梁走行电机"，按快捷组合键<Ctrl+C>和<Ctrl+V>，复制图纸页，系统弹出"调整结构"对话框，勾选"页名自动"复选框，系统自动根据当前项目下的原理图页进行编号，自动将插入的页面宏的编号更新为 6，如图 12-47 所示。

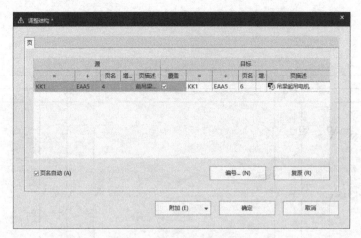

图 12-47　"调整结构"对话框

（2）单击"确定"按钮，插入的原理图页在"页"导航器中显示，根据图纸修改元件参数与设备标识符，如图 12-48 所示。

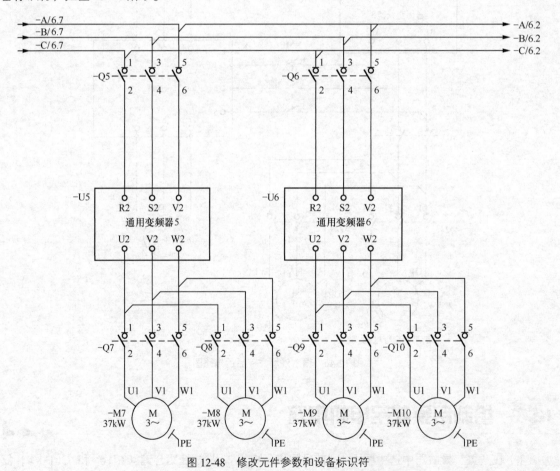

图 12-48　修改元件参数和设备标识符

（3）在"符号选择"对话框中选择"电气工程"→"电子和逻辑组件"→"电感"→"电感，可变"→"LM3"元件符号，插入电感 AL1、AL2，如图 12-49 所示。

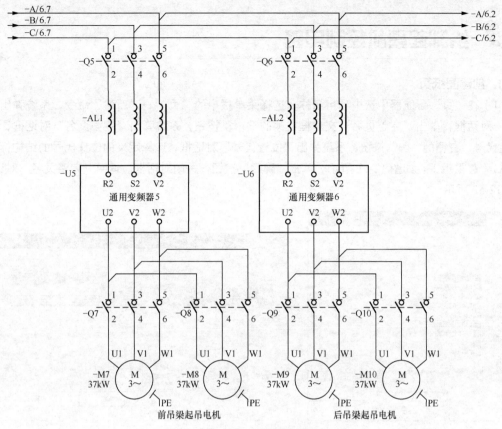

图 12-49 插入电感后的电路图

（4）单击"插入"选项卡"文本"面板中的"路径功能文本"按钮 IТI，系统弹出"属性（文本）"对话框，将"字号"设置为"3.50mm"，在电机下输入注释文字，结果如图 12-50 所示。

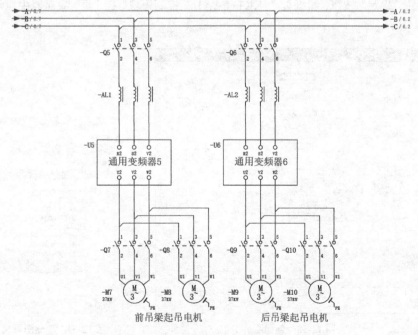

图 12-50 输入注释文字后的电路图 4

12.9 绘制起重机控制电路

1. 创建图纸页

（1）在"页"导航器中选中项目名称，选择菜单栏中的"页"→"新建"命令，系统弹出"新建页"对话框，单击"完整页名"文本框右侧的"…"按钮，系统弹出"完整页名"对话框，单击"位置代号"右侧的"…"按钮，系统弹出"位置代号"对话框，选择定义的位置代号的结构标示符"EAA1（起重机）"，如图 12-51 所示。单击"确定"按钮，关闭对话框。返回"完整页名"对话框，如图 12-52 所示。

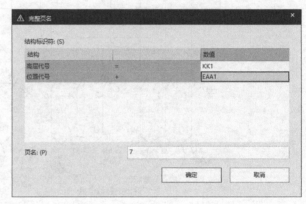

图 12-51 "位置代号"对话框　　　　　　　图 12-52 "完整页名"对话框

（2）单击"确定"按钮，关闭"完整页名"对话框，返回"新建页"对话框，默认"页类型"为"多线原理图（交互式）"，在"页描述"文本框中输入"控制模块"，如图 12-53 所示。

（3）单击"确定"按钮，图纸页"=KK1+EAA1/7 控制模块"在"页"导航器中显示，如图 12-54 所示。

图 12-53 创建图页 1　　　　　　　　　图 12-54 新建图页文件

2. 绘制控制继电器

（1）绘制黑盒。单击"插入"选项卡"设备"面板中的"黑盒"按钮，单击鼠标确定黑盒的角点，再次单击鼠标确定另一个角点，插入黑盒 KP，如图 12-55 所示。单击鼠标右键，选择"取消操作"命令或按<Esc>键即可退出该操作。

（2）插入设备连接点。单击"插入"选项卡"设备"面板中的"设备连接点"按钮，将光标移动到黑盒边框上，单击鼠标确定连接点的位置，插入设备连接点，如图 12-56 所示。

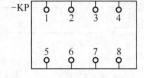

图 12-55　插入黑盒 KP　　　　　　　图 12-56　插入设备连接点

（3）组合图形。选择整个图形，单击"编辑"选项卡"组合"面板中的"组合"按钮，将绘制的黑盒与元件符号变为一个整体。

3. 插入变压器

（1）选择菜单栏中的"插入"→"符号"命令，系统弹出如图 12-57 所示的"符号选择"对话框，选择变压器，完成元件选择后，单击"确定"按钮，光标上显示浮动的元件符号，按<Tab>键，旋转元件方向，单击鼠标插入元件。

（2）插入元件的同时系统自动弹出"属性（元件）：常规设备"对话框，在"显示设备标识符"文本框中输入"–FT"，单击"确定"按钮，关闭对话框，显示插入的变压器 FT，结果如图 12-58 所示。

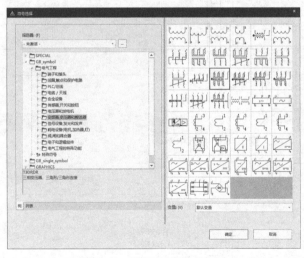

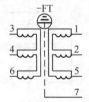

图 12-57　"符号选择"对话框　　　　图 12-58　插入的变压器 FT

4. 插入其余元件

在"符号选择"对话框"GB_symbol"符号库下选择元件符号，如图 12-59 所示，元件选择路径如下。

- 隔离开关 KM0：选择"电气工程"→"传感器，开关和按钮"→"开关/按钮"→"三级开关/按钮"→"Q3_1"元件符号，添加功能文本"B460"。
- 断路器 QF："电气工程"→"安全设备"→"电机保护开关"→"电机保护开关，6 个连接点"→"QL4"元件符号。

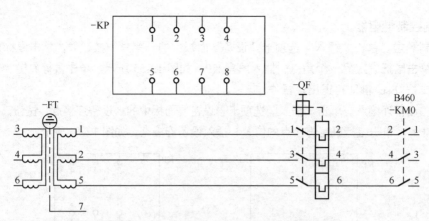

图 12-59 元件符号

（1）选择菜单栏中的"插入"→"连接符号"→"中断点"命令，根据图纸要求插入中断点 A、B、C、N、A1、B1、C1、N1，如图 12-60 所示。

（2）选择菜单栏中的"插入"→"连接符号"→"T 节点"命令，插入 T 节点，如图 12-61 所示。

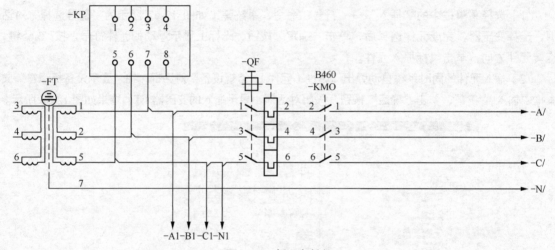

图 12-60 插入中断点

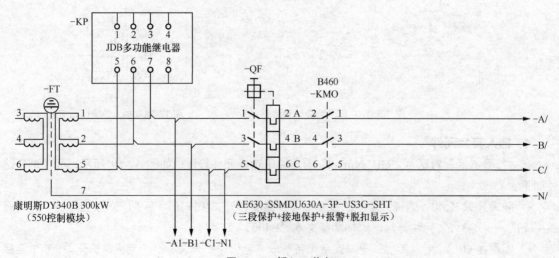

图 12-61 插入 T 节点

（3）单击"插入"选项卡的"图形"面板中的"路径功能文本"按钮，系统弹出"属性（文本）"对话框，将"字号"设置为"3.50mm"，输入注释文字，结果如图 12-62 所示。

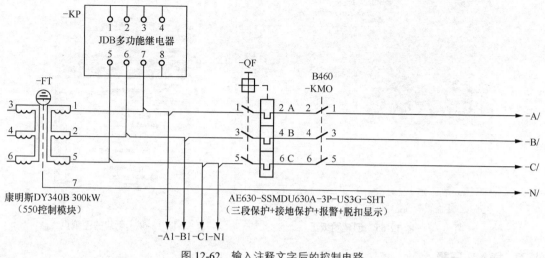

图 12-62　输入注释文字后的控制电路

12.10　绘制控制系统电路

1. 创建图纸页

（1）在"页"导航器中选中项目名称，选择菜单栏中的"页"→"新建"命令，系统弹出"新建页"对话框，单击"完整页名"文本框右侧的"…"按钮，系统弹出"完整页名"对话框，单击"位置代号"右侧的"…"按钮，系统弹出"位置代号"对话框，选择定义的位置代号的结构标示符"EAA7（控制系统）"，如图 12-63 所示。单击"确定"按钮，关闭对话框。返回"完整页名"对话框，如图 12-64 所示。

图 12-63　"位置代号"对话框

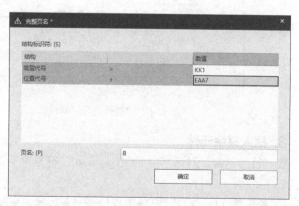

图 12-64　"完整页名"对话框

（2）单击"确定"按钮，关闭"完整页名"对话框，返回"新建页"对话框，默认"页类型"为"多线原理图（交互式）"，在"页描述"文本框中输入"原理图"，如图 12-65 所示。

（3）单击"确定"按钮，图纸页"=KK1+EAA7/8 原理图"在"页"导航器中显示，如图 12-66 所示。

289

图 12-65　创建图纸页

图 12-66　新建的图纸页

2. 插入变压器

（1）选择菜单栏中的"插入"→"符号"命令，系统弹出如图 12-67 所示的"符号选择"对话框，选择"两级开关/按钮 4 个连接点"，完成元件选择后，单击"确定"按钮，光标上显示浮动的元件符号，按<Tab>键，旋转元件方向，单击鼠标插入元件。

（2）插入元件的同时系统自动弹出"属性（元件）：常规设备"对话框，在"显示设备标识符"文本框中输入"–SK"，单击"确定"按钮，关闭对话框，显示插入的两级开关 SK，结果如图 12-68 所示。

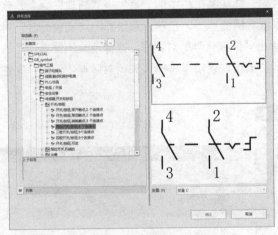

图 12-67　"符号选择"对话框

图 12-68　显示插入的元件

3. 插入其余元件

在"符号选择"对话框中"GB_symbol"符号库下选择元件符号，如图 12-69 所示，元件选择路径如下。

- 变压器 T1：选择"电气工程"→"变频器，变压器和整流器"→"变压器"→"变压器，4个连接点"→"TS11"元件符号。
- 断路器 QF18：选择"电气工程"→"安全设备"→"电机保护开关"→"电机保护开关，4个连接点"→"QL2"元件符号。

（1）选择菜单栏中的"插入"→"连接符号"→"角"命令，插入角节点，如图 12-70 所示。

（2）单击功能区"插入"选项卡"符号"面板中的"线束连接点角"按钮 ┌ 和"线束分配器 T 节点"按钮 ┬，进行线束连接，如图 12-71 所示。

（3）选择菜单栏中的"插入"→"连接符号"→"中断点"命令，根据图纸要求插入中断点 B1、A1，如图 12-72 所示。

（4）单击"插入"选项卡"图形"面板中的"路径功能文本"按钮 ⊓，系统弹出"属性（文本）"对话框，将"字号"设置为"3.50mm"，在电机下输入注释文字，结果如图 12-73 所示。

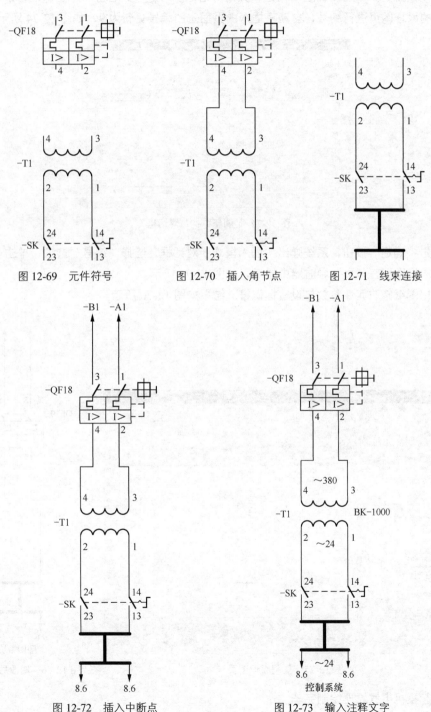

图 12-69　元件符号　　图 12-70　插入角节点　　图 12-71　线束连接

图 12-72　插入中断点　　图 12-73　输入注释文字

12.11 绘制照明系统电路

（1）在"页"导航器中选中图页"8 原理图"，按快捷组合键<Ctrl+C>和<Ctrl+V>，复制图纸页，系统弹出"调整结构"对话框，单击"+"列下的"…"按钮，系统弹出"位置代号"对话框，选择"EAA6（照明系统）"，单击"确定"按钮，关闭对话框。勾选"页名自动"复选框，系统自动根据当前项目下的原理图页进行编号，自动将插入的页面宏的编号更新为 9，如图 12-74 所示。

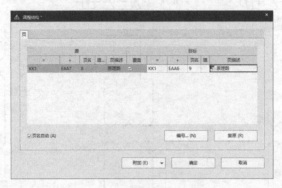

图 12-74　"调整结构"对话框

（2）单击"确定"按钮，系统弹出"插入模式"对话框，选择"编号"选项，单击"确定"按钮，复制的原理图页在"页"导航器中显示，如图 12-75 所示。

（3）根据图纸修改元件参数与设备标识符，结果如图 12-76 所示。

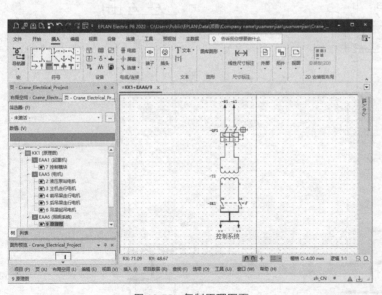

图 12-75　复制原理图页

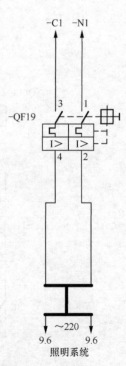

图 12-76　修改后的电路

至此，起重机电气原理绘制完毕。